全国高等院校"十二五"规划教材

Dreamweaver
实用教程

史文崇 刘茂华 崔 勇 主编

中国农业科学技术出版社

图书在版编目（CIP）数据

Dreamweaver 实用教程／史文崇，刘茂华，崔勇主编．—北京：中国农业科学技术
出版社，2012.8
ISBN 978 -7 -5116 -0944 -1

Ⅰ．①D…　Ⅱ．①史…②刘…③崔…　Ⅲ．①网页制作工具－教材　Ⅳ．①TP393.092

中国版本图书馆 CIP 数据核字（2012）第 121736 号

责任编辑　闫建　李冠桥
责任校对　贾红　范潇

出　版　者　中农业科学技术出版社
　　　　　　北京市中关村南大街 12 号　邮编：100081
电　　话　（010）1066　（编辑室）（010）82109704（发行部）
　　　　　　（010）82109709（读者服务部）
传　　真　（010）821　32
网　　址　http://www.　　o.cn
经　销　者　各地新华书店
印　刷　者　秦皇岛市昌黎文兆印刷有限公司
开　　本　787 mm×1 092 mm　1/16
印　　张　14
字　　数　346 千字
版　　次　2012 年 8 月第 1 版　2012 年 8 月第 1 次印刷
定　　价　20.00 元

《Dreamweaver 实用教程》编委会

内容提要

　　本书介绍了网站开发基础知识和利用 Dreamweaver 进行静态网页设计的原理和技术，重点对超链接设计、在网页中使用多媒体、CSS、网站资源管理等技术作了详细阐述，并介绍了 ASP 动态网页设计入门知识。全书每章前面有重点提示，给出了大量实例，最后有思考和练习题。书后还附有实验指导书和附录。

　　本书内容通俗，可操作性强。适于高校本、专科计算机或相关专业作为教材使用，也适于网页设计初学者学习。

前　　言

目前，关于网站开发或网页设计的书林林总总，各有千秋。但当你试图从中选择一本简明、通俗、经济、实用的读物时，仍可能陷入迷茫。

本书主编史文崇 2000 年到中国科学院计算技术研究所进修网页设计，此后多年从事网站开发、网页设计教学科研工作，一直承担相关课程（图像处理、平面设计、网页设计、动态网页设计）的教学任务，并始终关注网站开发或网页设计技术和应用领域的发展，在十几次的本课程教学中，不断探索和研究相关学科的教学理论和教学方法，逐渐摸索出了该课程的教学内容框架和教学节奏，为本课程积累了宝贵的教学经验。编写一部简明而实用的教材是其多年的夙愿。

作者以实用、好用为宗旨编写此教材，力求以较少的篇幅阐述网页设计的原理和常规技术，既有一般叙述，又有实例；既有重点提示，又有课后作业安排；既有理论教学，又有实验指导。为便于教师实践教学和读者增长见识、博采众长，书后还附有一些实用的附录。因而它非常适合作为高校本专科专业教材使用。对于自学者也是一本宝贵的参考书。

请放心，本书绝不是"天下文章一大抄"式的哗众取宠之作。书中所有文字均系作者亲自编写，所有实例也经作者亲自验证作出，电子排版也由编者亲自完成。因而这是一本与众不同的书，也是一本非常科学、实用的书。

感谢您独具慧眼选择了本书。您的教学或学习效果是本书质量的最好诠释。

本书第 1、第 2、第 6~13 章和实验指导书由史文崇编写，刘茂华编写了第 14~15 章并参与了实验指导书的编写，崔勇参与了本书结构框架的搭建，并提供了部分书稿；杨大志编写第 3 章，张晓华编写第 4 章，许娜编写第 5 章；刘淑蓉、张志广、陈秀敏、刘景汇参加了思考和练习、附录的编写工作。全书由史文崇统稿。

作者联系邮箱是：mr_ shi_ pb@126. com。欢迎您提出宝贵意见。

编者

2012 年 6 月

目　　录

第一章

1 网站开发基础知识

——— 本章重点提示 ———

◎ 网站开发应该考虑的因素；
◎ 网页制作涉及的知识和技术；
◎ 静态网页与动态网页的概念；
◎ 网站开发的流程。

1-1 网站开发应该考虑的因素

网页设计没有固定的标准和模式，其基本原则是为用户着想，在满足用户需求的前提下，最大限度地实现开发者自己的利益，不能仅仅考虑技术问题。

1.1.1 用户的需求与审美偏好

再好的网站，如果没有人浏览也不能实现自身的社会价值和经济价值，开发网站必须满足用户的需要。当然首先是要提供他们需要的内容和服务，这是网站的基本功能。但还要让用户感觉舒适、美观、方便，用户才能喜欢这个网站。因而网站的开发者必须了解用户需要哪些内容、哪些服务，他们喜欢怎样的外观，网站怎样作才能更便于用户浏览。由于不同的用户群有不同的需求和不同的审美偏好，开发者必须明确自己的目标用户群。完全以自己的好恶来开发网站是危险的，只会丧失用户群的青睐，终将一无所获。因此，为了用户的需要，网站开发者常常需要忍痛割爱。

另外，为了赢得用户的支持，网站必须经常更新，既可以吸引用户经常浏览、光顾，同时也让用户觉得这是一个由专人维护的"正规"网站，从而更多地获得用户的信任。所以，每过一段时间，即使网站内容没有变化，在布局、色彩、装饰等方面也要有所调整。

1.1.2 用户的上网条件——网速、浏览器、显示器

同一个网页，在网速（即网络传输率）不同时，其打开的时间也不同。用户希望网页打开的快一些，有的会使用宽带。而用户是否使用了宽带，我们不得而知。为用户考虑，就是无论用户是否使用了宽带，网页打开的速度都不要太慢。这就必须为网页瘦身，首先是精简 HTML 代码。但是更重要的是尽可能减少图片、音频、视频的字节数，或者采用更为经济的格式。

国内多数用户采用的浏览器是 IE——Internet Explore，目前流行版本多为 IE7.0 或 IE8.0，但是也有部分网民采用 360 安全浏览器、火狐（FireFox）等。不同的浏览器的品种与版本对于 HTML 代码及其脚本的支持程度不同。我们希望有更多的用户浏览自己的网页，就要采用那些最常规的 HTML 代码，必要时还要对多种浏览器分别设置不同的代码。

完美的网页设计要尽可能外观美观大方。但客户端显示器的尺寸与分辨率也会影响网页的视觉效果——字体显示大小、网页所占的屏幕显示面积与个数、是否居中显示，是否需要移动滚动条等。为此，传统方法一般按照 15 英寸，分辨率 800×600 考虑。但目前显示器的尺寸与分辨率有增大趋势，16:9 的宽屏显示器越来越多，其分辨率可达到 1 400×900，甚至 1 600×1 200。所以目前应该按照 17~19 英寸，分辨率 1 024×768 考虑，发布前要以此为基础，检验用户的视觉效果。

这些考虑无疑会增加设计者的工作量，但是绝不可忽视。

1.1.3 与服务器端的协调

大型网站中的网页不是完全由一个人设计完成的，你可能只负责其中的一个或几个网

页。所以必须了解服务器的一些设置情况。网站设计完成后必须发布到服务器才能让网民浏览。其中的动态网页需要用户的参与，要接收和处理用户提交的信息，必须设置一些变量，赋予初始值等。要明确接收、处理程序的存放位置，还要采取数据库的保密措施等，这些都需要做好与服务器端的协调工作。

1.1.4　网站所有者自己的利益

只有用户喜欢并经常光顾你所设计的网站，你才能获得相应的社会利益和经济利益。在满足了用户需求之后，还必须就如何获得这些利益动脑筋。要引导用户的浏览倾向，要在适当的位置和适当形式添加一些商业性信息，例如广告等。为了博得用户的好感，还要添加一些趣味性的装饰，在不影响主体的情形下，可以结合目前社会关注的一些焦点话题，添加一些小图片、小动画、小笑话等。注意，网站一定要和社会发展同步，要与社会形势合拍。即使本不是公益性网站，也要在公益性的前提下，实现商业性。为此一定要免费提供一些信息和小的服务。

1-2　网页制作的常规工具

网页文件是使用 HTML（HyperText Markup Language，超文本标记语言）和脚本语言（Javascript、Vbscript）等编写的纯文本文件，扩展名为 htm 或 html、asp 等。只要有文本编辑器，具有相应的知识，即可完成网站开发与设计。常用的网页制作软件有以下几种：

1. 记事本

在早期，这是唯一可采用的工具，要求设计者熟练掌握 HTML、脚本语言等知识和技能。

2. Word

Word 文件可以直接保存为网页。还为设计网页专门提供了 Web 工具箱。但利用 Word 制作网页难以实现复杂功能，而且产生的附加代码过多，很少直接、完全用它进行网页设计。

3. Frontpage

Office 组件之一，适于初学者和非专业人士。为较早的网页制作教学软件。

4. 三铁盾（Golive、Photoshop、Livemotion）

Adobe 公司的系列软件。Golive 用于制作动画，Photoshop 用于图像处理，Livemotion 用于制作网页。三者分工协作，共同完成复杂网页的设计制作。其中以 Photoshop 普及最好。

5. 三剑客（Flash、FireWorks、Dreamweaver）

原为 Macromedia 公司产品。Flash 用于制作（网上流媒体）动画和交互效果，FireWorks 用于网页图像编辑和交互处理，也可以独立生成网页，Dreamweaver 专用于网页的常规设计。目前较流行的版本有 Dreamweaver 8.0、Dreamweaver CS 等。

本书以介绍 Dreamweaver 8.0 为主，适当提及其他工具。

1-3 网页制作涉及的知识与技术

1.3.1 客户端软硬件（浏览器与显示器）知识

一是各种浏览器对 HTML 的一些标记和脚本语言的支持情况。几乎所有的浏览器都支持 Javascript，但只有 IE 支持 VBScript，因为它们同属 Microsoft 公司的产品。另外，较低版本的 IE 不支持表格和框架布局技术。

二是不管使用怎样的浏览器，用户在浏览网页时都不是完全被动的，并非你在网页中有什么它们就只能完全接受什么。它们是可以从中作出选择的。比如及时停止下载，不执行脚本，不予显示图片，不予播放声音等。越是成熟的网民，他对浏览器的控制越能随心所欲。这可能使得网站开发者在网页中必备内容之外过多的附加设计失去意义。因此，网页设计者一定要使自己的设计具有较好的实用性。发布网站之前自己应当测试一些附加设计对浏览者的不利影响，努力寻求吸引用户与网站实用性之间的有效平衡。

1.3.2 色彩知识

色彩是网页中最基本的装饰和美化工具。在不同的色彩模式，色彩的数量是不同的。网页设计最常采用的是 RGB 模式。三原色为红、绿、蓝，每种色彩的深度均为 256，所以共有 2^{24} 种色彩。每一种色彩都由对应的颜色值来描述。颜色值可用一个六位的 16 进制数表示。如 "000000" 表示黑色，"ffffff" 表示白色等。

色彩搭配效果的好坏，不仅关系到网页美观与否，而且直接影响着浏览者的视觉效果和心理。人说 "红配黄，喜洋洋"、"红配绿，赛狗屁"，表述的就是很质朴的色彩审美观。红色醒目，象征热情，易引人注目并使人兴奋起来，但长时间观看红色的字体或背景，极易造成视觉疲劳和模糊，使人情绪烦躁等。蓝色易使人想到天空和海洋，可以使人沉静和放松，绿色使人觉得凉爽。网页文字或其背景选用什么色彩，没有严格的规定。既要使其与内容所表达的意义和谐统一，又要顾及主要目标用户群的审美偏好。

不同年龄的人对于色彩的感知能力不同，不同民族对于色彩的审美观有差异等。这些在网页制作中必须自觉的予以高度重视。

网页设计者要通过学习专门知识和浏览更多公益性网站丰富色彩知识，提高自己的色彩搭配技能。

1.3.3 HTML + CSS + 脚本语言

用记事本打开一个网页（ * . htm）文件，你会看到其形如 " < xxxx yy = "aaa" zz = "bbb"… >hhhhhh </xxxx >" 的许多行字符，这就是网页的 HTML 代码。HTML 可以认为是一种编程语言，它主要由一些标记构成，每一个 "语句" 往往就是一个标记，每一个标记有由若干个属性说明其具体特征。例如：

<font size = "5" color = "0000ff" > 你好 </font >

表示 "你好" 二字按 5 号字显示，颜色呈蓝色。其中，font 是标记（以 </font > 结

束），size、color 为该标记的两个属性，"5"、"0000ff" 是属性值。网页设计者尽可能多的记忆一些常用的标记和属性的意义和取值方法，对于提高阅读 HTML 的能力，纠正网页设计中的错误是有好处的。

CSS（层叠样式表）是美化网页的主要技术。如果不使用 CSS，网页显示效果单调而呆板，连调整字、行、段间距也做不到。CSS 还可以有效减少代码冗余，从而为网页瘦身，加快其打开速度。还可以模拟图片效果，而且可以一次设置，多次使用，从而极大的节省人力劳动，提高工作效率。因而它是网站设计者专业素质的重要组成部分。

HTML 是顺序结构的语言，只有顺序结构，循环、条件等结构要靠嵌入的脚本实现。为了增进网页特色，嵌入脚本语言代码往往是必要的。脚本语言（Javascript、VBScript、Jscript 等）是 HTML 的有效补充，是实现动画、动感、动态网页的基础。Dreamweaver 可以由设计视图下的一些操作自动转换出脚本代码，也可以根据特殊需要人工添加脚本语言代码。脚本语言往往是某种程序设计语言（Java、VB 等）的内核，但又有自己独立的语法规则。

1.3.4　图像处理软件

图片往往比文字更加直观、生动，既节省版面，又富有感染力。因而在一个网站中，几乎每一个网页上都有图片。大的网站有较多的人员进行维护，有专人负责美工或图像处理。但中小型网站的维护者恐怕就得是多面手了。经常需要对原始的数字图像进行加工，尺寸缩放、格式转换、模糊处理等，有些互动效果（如按钮等效果）也需要用专门的软件（Fire-Works）完成。在 Dreamweaver 中，为处理图片系统提供了直接调用 FireWorks 的功能。可见掌握常规的图像处理知识和图像处理软件的用法是完全必要的。

1.3.5　网页制作软件

目前设计网站已不能也不必只用记事本等最初的简易工具了。使用专门的软件开发网站是必要的。目前以 Dreamweaver 软件最为流行，但各专门软件均有一些特色，可实现一些独到的功能或效果。网站设计者应该熟知并充分发挥每一软件的优势。根据网页的需要选择合适的开发平台，或者在几个平台间进行转换，以最大限度地节省劳动并获得最好的效果。因此，多掌握一些软件的控制编辑方法是完全必要的。

1.3.6　社会人文因素（文化背景、审美、信息素养、民族习惯……）

只有针对用户群的普遍特征设计网站，才能获得他们的青睐，取得网站预期的经济效益和社会效益。为此，必须了解和熟悉用户群的文化背景、审美偏好、信息素养、民族习惯等社会人文属性。在建站之初，必须以他们喜欢（使他们觉得既方便又美观）的形式，提供他们需要的信息和服务；在长期发展、维护过程中，还要能够获悉他们的情况，随时掌握他们的需求变化。这是一个网站生存发展的社会基础。

1.3.7　数据库与 SQL

数据库是动态网页存储数据的基础。SQL（Structured Query Language，结构化查询语言）则是动态网页中处理（添加、查询、删除、修改）的语言工具。也就是说动态网页离不开数据库和 SQL 的支持。在页面中，用户可以把信息填写到一个"表格"（实为表单）里，然后按下"提交"按钮，数据即通过特定的接收处理程序被填写到特定的数据库中。这个处理程序中必包含 SQL。如果没有准备好相应的处理程序和数据库，即使在页面上设置了填写数据的表格和"提交"按钮，虽然可以输入数据并按下按钮，实际上却毫无意义，不起任何作用。

可见，网站开发和网页设计涉及的知识和技术很多，但知识和技术含量高的网页未必是好网页。网页设计没有通用的准则，似乎很灵活，但又不是没有规律可循，更不能随心所欲。

1 – 4 静态网页与动态网页

静态网页一般只显示文本、图片，虽然可以是动态图片，可呈现动画效果，甚至可以有用户交互控制，但用户不能提交数据，也不能实现数据查询等操作。静态网页文件只在客户端浏览器软件执行，虽然它一般存放在服务器里。制作静态网页主要涉及上一节中前面六项知识与技术。

动态网页不仅有交互、有自动控制，而且可以实现客户端与服务器间的数据传输与反馈，一般用于完成用户登录、注册、搜索等功能。主要涉及数据库、SQL 和编程知识和技术。

动态网页的解决方案很多，常见的有 ASP、JSP、PHP 等。其中较为浅显的是 ASP（Active Server Pages）。它是美国微软公司提出的一种动态网页的解决方案。实际上，ASP = HTML + 脚本语言 + 服务器端运行环境。由此产生的动态网页文件扩展名一般为 asp，只在服务器端执行。在个人机上作动态网页需要配置虚拟的服务器，安装 Internet 信息服务程序 IIS，以便在发布前检测动态网页的效果。

在一个网站中，往往既有静态网页，又有动态网页。动态网页的标志往往是存在用户提交数据的表单（如图 1 – 1，用粗虚线圈出的部分为表单），并能实现与服务器端的数据交换。在一个网站中，静态网页的数量一般比动态网页大得多，但静态网页只能展示信息，只有动态网页能够客户端与服务器端的交流。只有静态网页而没有动态网页的网站信息传输是单向的——只能从网站到用户，往往其社会意义也很小。

1 – 5 网站的开发流程

1.5.1 用户调查与网站需求分析

这是为了明确用户需求，确立网站开发的必要性和可行性，明确目标用户群的社会、人文背景，确立网站的开发方向，明确提供内容和服务的类别。知己知彼，有的放矢，是一个网站成功的社会基础。即使在一个成功网站运营之后，仍然可以而且必要就网站的设计通过网页表单征询用户意见，以使其不断满足用户日益变化的需求。

图 1-1　具有表单的动态网页

1.5.2　进行网站规划

网站规划是关于网站的宏观设计，根据用户需求，确立网站类型、网站 Logo、网站风格、布局与导航模式、信息结构设计方案。

图 1-2　几个著名网站的 Logo

网站类型按所有者分有政府、企业、社会团体、个人等类型；按服务宗旨分有公益型、商业型、娱乐型、教育型等；按服务对象分有老年型、儿童型、学生型等。网站风格有严肃庄重型、温和大方型、青春靓丽型、活泼生动型、幽默滑稽型、热情奔放型等。

网站类型和网站风格往往是密切相关的。如政府类网站要严肃庄重、公益型网站要温和大方，娱乐型网站要幽默滑稽，儿童型网站要活泼生动、青年型网站要青春靓丽、热情奔放等。这些风格是靠字体、字号、色彩以及多媒体信息实现的。

布局要突出重点，主次有序；导航无论用菜单、导航条、网站地图实现都要容易理解，以点带面，简捷方便。信息结构多采用树形结构（如图 1-3）。

1.5.3　创建站点

在本地个人机环境进行，目的在于便于对全网站的管理，并便于最终将整个网站发布到 Internet。按照上述网站的信息结构设计为站点命名，建立与文件夹的对应关系，并创建几个子文件夹，并添加为全网站服务的文本、Logo（即网站标志）、背景图片、动画、视频等基础资料以及一些模板文件。

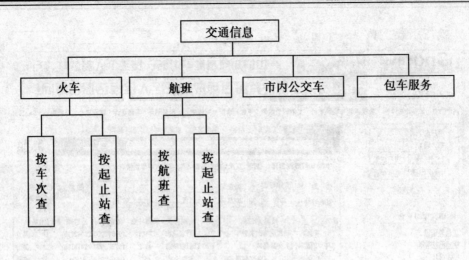

图 1-3 属性信息结构示例

1.5.4 网页设计

利用开发工具编辑网站中的所有网页（htm、asp 等格式文件）与数据、多媒体信息，实现布局、导航、信息结构设计，包括建立其链接关系。注意通过图片、动画、音视频等进行网站美化与装饰，实现科学性、规范性、实用性、便利性、艺术性的高度统一。

网站开发者要注意利用基础信息，不必一切从零做起，还可以分工合作，在具体工作中逐步锻炼成多面手，才能胜任本职工作。

1.5.5 申请域名

为网站命名很容易，根据组织或个人的名称或宗旨，能够体现网站的价值取向，吉利、易记就好。但为了向 Internet 发布，还必须有域名。域名是网站服务器的标志性名称，和 IP 地址一一对应。发布网站之前，必须申请域名。可以在本地邮政部门向中国互联网信息中心（CNNIC）申请，个人网站也可以在一些大网站申请免费域名空间。要意识到域名本身也是一种品牌，要有意义，又要别致、易记、免招纠纷。如央视网站的 www. cctv. com、中国银行的 www. bank-of-china. com、淘宝网的 www. taobao. com、人才招聘求职网的 www. 51job. com 都是不错的域名。

1.5.6 发布站点与宣传

最后要将站点全部内容上传至服务器。以便 Internet 用户浏览。但为了让更多的用户知道这个网站，特别是记住它的域名，必须做好宣传工作，一是通过媒体做宣传广告，二是在一些门户网站进行注册，三是在每个网页头部（<head>标记内）多设置与网页内容相关的关键字，以便于搜索引擎检索。例如，在网页头部添加代码 <meta name = "keywords" content ="教育，高校，大学，高等教育，网络教育，远程教育">，可有助于以这几个关键字搜索到该网页。

1.5.7　网站维护

网站的维护工作量很大。一个网站可能有数千、上万个网页，加上数据文件和多媒体信息，信息量极其庞大。随着网站的发展，必须不断充实和更新内容，这必然需要增加一些新网页，必要时可以将一些过于陈旧的网页删除。即使短期内没有内容变化，也可以根据网站的点击率或社会、经济效益的变化，对网站的信息结构、主页的导航和布局模式作一些调整，以期目标用户群的不断扩大。

同时，网站的安全监护工作也至关重要，防止黑客攻击，防止盗取数据库数据，防止被他人假冒域名实施网络诈骗等。

思考与练习

1. 要建设一个老年人保健网站，你认为文字应该采用哪些字体、字形、字号，其文字和背景的颜色应该如何选？如果希望添加音乐，你认为音乐应具备哪些特点？

2. 显示器的尺寸和分辨率对浏览网页有何影响？

3. 举出你认为较好的和不好的几对颜色搭配。

4. 什么是 HTML？

5. 开发网站涉及哪些知识和技术？

6. 你通常采用什么软件上网？如何停止网页内容下载？如何刷新网页？

7. 以下说法对吗？

①只要有较高的技术含量，让人佩服的网站就是好网站。

②色彩缤纷、动感十足的网站就是好网站。

③在做网站的时候，我只添加我自己喜欢的字体、色彩和动画效果。

④在做网站的时候，我要把自己的网页制作技术都展示出来，让用户觉得网站开发者的水平很高。

⑤只要内容相同，给什么人做网站都是一个做法。

8. 网站建设一般有哪些步骤？

9. 为自己设计个人网站，你认为应该体现怎样的风格？使用哪几种字体、字号、色彩。试设计 Logo 图案。你准备安排哪些内容？画一下其信息结构图。

第二章

2 Dreamweaver 与 IE 界面的常规控制

———————— **本章重点提示** ————————

◎ Dreamweaver8.0 的编辑环境、工作参数
控制;

◎ 网页文件的新建与保存操作;

◎ IE 浏览器的合理使用与控制。

2 - 1　Dreamweaver 的窗口界面

Dreamweaver 的窗口界面由菜单栏、工具栏、编辑窗口、面板组成。

菜单栏的模式同许多 Windows 平台下的软件相似，只是后几项菜单名称不同。

Dreamweaver 的工具栏有四组，分别是插入工具栏、文档工具栏、标准工具栏、样式呈现工具栏。在工具栏空白处单击右键或利用"查看"菜单选择（查看→工具栏→……）打开。其中，插入工具栏有多种内容模式，一般使用"常用"模式，单击黑三角，可选择其他模式。

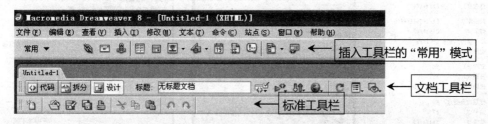

图 2 - 1　Dreamweaver 的菜单栏与工具栏

标准工具栏用于常规编辑操作——打开、剪切、复制、粘贴、撤销、还原等操作。

文档工具栏用于控制网页文档的显示模式、添加文档标题、标记验证、文件管理等。

利用 Dreamweaver 编辑网页可通过三种方式进行。在文档工具栏中提供了三种视图模式——设计视图、双重（拆分）视图、代码视图。一般使用设计视图，它是所见即所得的编辑模式，Dreamweaver 会在后台自动将编辑操作翻译成 HTML。

图 2 - 2　代码视图

代码视图模式可用于直接阅读、人工编辑 HTML 代码。即使在设计视图窗口看不到任何内容，它也是一个网页。切换到代码视图后，可以看到相应代码。此时，窗口左侧可见编码工具栏（在设计视图不可见）。通常，每行代码的左侧会显示其行号。按下行号按钮可以控制行号显示和隐藏。可以看出，网页的许多标记都有开始和结束，成对出现。如网页标记（＜HTML＞……＜/HTML＞），头标记（＜head＞……＜/head＞），文档体标记（＜body＞

……〈/body〉〉等。拆分视图是将设计视图和代码视图两窗口一上一下同时显示，便于两者对照编辑。

面板可通过"窗口"菜单选择打开，共 19 个。最常用的是"插入"和"属性"面板（"插入"面板通常也称为工具栏）。其他 17 个其实都是浮动面板组。它们往往提供了设置属性参数的便利环境。通常可在编辑窗口右侧折叠或展开显示，可以拖动面板的边框进行一定程度的缩放，也可以拖动到窗口其他便于操作的位置。单击面板右上角按钮可打开其菜单。

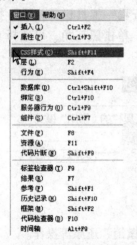
图2-3 面板种类、名称

图2-4 面板样式示例

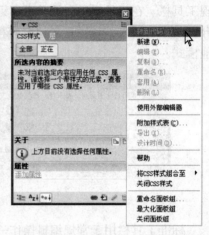
图2-5 面板右上角菜单

属性面板随着选中内容的不同显示不同信息。一般出现在屏幕下方。此时，左上角显示黑三角（图2-6）。单击可折叠为一行，只显示"属性"二字，而不显示任何按钮（图2-7）。也可以拖动到其他便于操作的位置（图2-8）。点击其右下角白三角可以折叠。

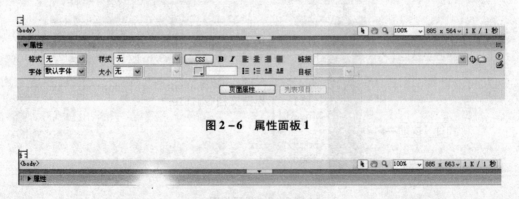
图2-6 属性面板1

图2-7 属性面板2

对于任何面板，单击其左上角的黑三角可以折叠或展开之，单击其右上角的红色关闭按钮可关闭显示。

图 2－8　属性面板 3

2－2　Dreamweaver 的编辑环境控制

在编辑网页时，为便于操作，应该首先设置良好的编辑环境。为此要充分利用系统提供的一些工具，设置系统的工作参数。

2.2.1　标尺

编辑窗口左侧、上方通常显示标尺（图 2－9），以便布局时合理控制网页元素（图片等）的尺寸。

图 2－9　编辑窗口的标尺

通过查看菜单可以控制标尺的显示和隐藏：查看→标尺→显示。

标尺的坐标原点（0，0）在左上角纵横标尺的交叉处，向右下方为数据递增方向，单位可以是像素、英寸或厘米。为便于度量尺寸，还可以重新设置坐标原点坐标值，在坐标原点附近按下鼠标左键向右下角拖动，到达目标位置即可。双击纵横标尺的交叉处，可还原坐标原点坐标为（0，0）。

2.2.2　网格线

在编辑窗口使用网格线，有助于网页元素的排列和对齐。欲在编辑窗口显示网格线，可利用查看菜单：查看→网格→显示网格，系统将显示"网格设置"对话框（图 2－10）。选择、设置有关参数，单击"确定"按钮即可。可修改网格线的形状、颜色和间距。如果设置"靠齐到网格"选项，可以在网页中拖动图片到网格线附近时，使之自动吸附到网格线上。

2.2.3　辅助线

辅助线和标尺相配合，可以精确地控制网页元素的位置和大小（图 2－11）。当显示标尺时，在标尺处，按下鼠标左键向右（下）方拖动，即可产生一条辅助线。可以根据需要在页面上作多条辅助线。

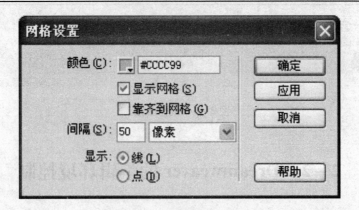

图 2-10　"网格设置"对话框

　　一般可以用鼠标拖动辅助线改变其位置。为防止意外，也可以锁定辅助线（查看→辅助线→锁定辅助线），也可以重新设置其颜色和形状（查看→辅助线→编辑辅助线）。

　　将一条辅助线拖至窗口边界就是擦除了该辅助线。当不需要显示辅助线时可隐藏或清除所有辅助线（查看→辅助线→显示辅助线/清除辅助线）。

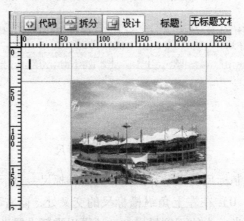

图 2-11　辅助线的应用

图 2-12　起始页

2.2.4　Dreamweaver 工作参数的修改

设置 Dreamweaver 的工作参数是为了规划出统一的系统编辑环境。在编辑多个网页时可以大大提高工作效率。工作参数可通过"编辑"菜单进行设置："编辑"→"首选参数"→……主要可设置以下选项。

1. 是否显示起始页

起始页是在启动 Dreamweaver 时首先显示的一个画面（图 2-12），便于打开最近文件，创建新项目或从范例创建。对于初学者意义不大，但对于专业工作者，还是选择该设置为佳。"编辑"→"首选参数"→常规→文档选项→是否显示起始页。

2. 是否可使用连续空格

刚启动系统时，在字符间通常最多只能插入一个空格，但对于中文字符，有时需要加入更多空格增加字间距，故一般需要选中此项设置。操作方法是："编辑"→"首选参数"→常规→编辑选项→允许多个连续的空格。

3. 代码字号设置

其意义在于设置自己喜欢的 HTML 的默认字体字号，便于阅读和编辑 HTML 代码。操作方法是："编辑"→"首选参数"→字体→"字体设置"选"简体中文"→"代码视图"（字体/大小）。

4. 设定状态栏信息

系统的状态栏（图 2-13）通常可显示网页中具有的标记，当前编辑窗口的大小（长、宽像素数）、网页代码字节数、下载时间（秒数）和选取指针、移动手掌工具、放大镜工具等。其中，下载时间与网络连接速度有关。网络连接速度默认设置为 56kbps。可以根据目标用户的情况设定，以便及时了解用户的上网效果。操作方法："编辑"→"首选参数"→状态栏→连接速度（kbps）。

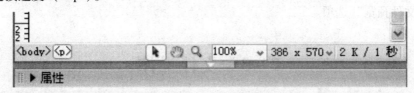

图 2-13　状态栏的信息

5. 其他工作参数

可以重新设置的工作参数很多，但由于往往涉及较多后续知识，对于初学者不便在这里展开，只能叙述一些便于操作的项目。其他较高级的工作参数待学习者知识积累较多以后，可以按需要自行设置。其他常用工作参数还有：

代码提示：启用代码提示有助于自动显示标记的属性和待选值、自动产生结束标记等。人工编辑 HTML 时可以大大节省人力劳动。最好选中"启用代码提示"。在"启用代码提示"状态，在每个标记（如 body）后按下空格键，其右下角即出现可选的属性菜单（图 2-14a），用鼠标双击某一属性，其属性名迅速显示到光标位置之后，并显示属性备选值或提供其他设置便利。（图 2-14b）

代码颜色：可以设置网页的默认背景颜色，脚本代码的颜色组合方案等。

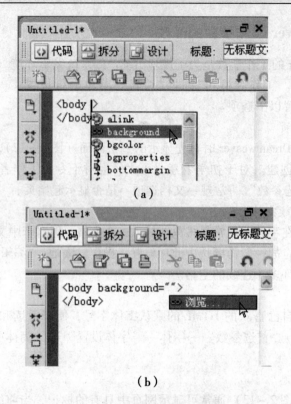

图 2 – 14   启用代码提示的便利

在浏览器中预览：为便于检查在浏览器中的显示效果，可以在网页编辑过程中按下 F12 功能键随时预览。系统默认的主浏览器为 IE。为了体验在不同浏览器上的浏览效果，可以更换主浏览器或指定次浏览器。但预览时系统往往要求首先保存网页。为节省操作可以选中"使用临时文件预览"选项。

2 – 3   文件操作

2.3.1   新建网页

新建网页实质上就是通过某种视图方式（系统自动转换成 HTML 或手工编写 HTML）编辑网页内容。启动系统后，可以通过以下几种方式，再配合相应操作进入编辑状态：

1. "文件"菜单→新建→……

2. 按下快捷键 Ctrl + N

3. 单击标准工具栏上的"新建"按钮（左起第 1 个）

之后，系统出现"新建文档"对话框（图 2 – 15），在"常规"标签下，在"类别"一栏选择"基本页"，在"基本页"一栏选择"HTML"，单击"创建"按钮，即进入新网页的编辑状态。可在代码视图、拆分视图或设计视图进行编辑，添加网页内容即可。

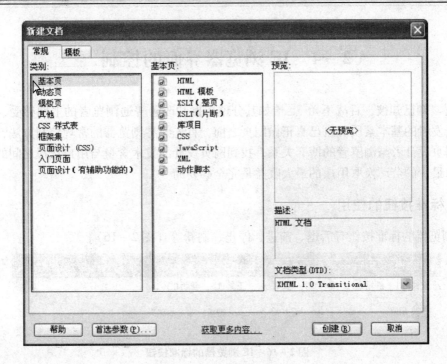

图 2-15　新建文档对话框

2.3.2　网页的保存

网页的保存就是把已经编辑好的内容以特定的格式和名称保存在某个文件夹下。系统默认的文件夹为"我的文档"，新建第一个网页时，自动命名的文件名为 Untitled-1. html。此后将是 Untitled-2. html……。静态网页文件的扩展名一般可为 htm、html、shtml 等，在不同的操作系统有不同的约定。Windows 下一般为 htm 或 html。动态网页文件的扩展名一般可为 asp 等，视具体采用的解决方案而定。也可以保存为纯文本文件（ ∗ . txt）等格式。

保存网页可以通过以下几种方式，再配合相应操作完成：

1. "文件"菜单→保存→……

2. 按下快捷键 Ctrl + S

3. 单击标准工具栏上的"保存"按钮（左起第 3 个）

然后在"另存为"对话框中设置选项即可。必须注意：IE 浏览器对于汉字文件名的支持目前尚不足，特别是低版本浏览器，为便于浏览，在为文件夹和网页命名时，请勿使用汉字。

网页在编辑过程中随时可以按下 F12 功能键预览，或通过菜单：文件→在浏览器中浏览→IEXPLORER. exe。但这种预览操作不适于动态网页。

网页的打开、关闭操作较简单，不予赘述。

2 – 4　IE 浏览器界面的控制

所谓"知己知彼，百战不殆"。恰如其分地把握和改善普通浏览者的上网感受，是合格的网站开发者的基本素质。自己真正做网页之前，首先熟悉浏览器的常规控制方法，对于正确认识网页设计者与浏览者的博弈关系，找到网页设计的技术含量与用户选择之间的最佳平衡点，以最少的劳动换取用户的最大收益是完全必要的。

2.4.1　标准按钮的使用

IE 浏览器的标准按钮有后退、前进、停止、刷新等（图 2 – 16）。

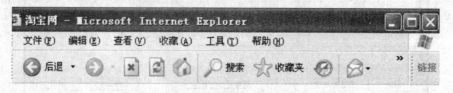

图 2 – 16　IE 浏览器的标准按钮

在浏览多个网页时，IE 浏览器会记录下你的浏览历史，后退、前进按钮可以充分利用这些历史记录，为你随心所欲浏览历史网页的提供便利，既节省输入网址的时间，又能提高打开网页的速度。

在浏览大多数网页时，单击"后退"按钮，可以从当前网页退回到刚才浏览过的网页再次浏览。也可以从下拉菜单中选择曾经浏览过的网页重新浏览。而单击"前进"按钮，又可以返回到起始网页。网页设计者要尽可能为用户提供这种便利。

当网页信息量较大特别是包含较多图像、视频信息时，下载时间会很长。而其中的文字总是最早显示出来。如果浏览者只需要看清文字信息，就不必等到完全下载结束，按下"停止"按钮，就可以浏览了。

当修改了 IE 的有关设置，需要使这种新的设置对当前网页立刻生效时，可单击"刷新"按钮。

2.4.2　网页字符大小的调节

当网页显示的字符大小不满足视觉需要时，可以尝试改变之。操作方法：打开"查看"菜单，选"文字大小"子菜单，从下级子菜单（最大、较大、中、较小、最小）选择适宜大小。

调整后可能会改变布局——行数增加、不能对齐等，影响美观。设计者为了保持页面和布局的美观，可以作相应限制，使用户不能改变字符大小。

2.4.3　HTML 代码的查看

查看网页源代码有助于我们向他人学习，提高自己的网页设计技术水平。较好的代码段甚至可以在自己的网页中借鉴使用。为此对于具有鲜明特色的新颖别致网页要养成查看其代码的习惯，以便分析、学习。要查看网页的 HTML 源代码可通过菜单进行："查看"→"源文件"，系统将通过"记事本"窗口显示其 HTML 代码。图 2-17 所示是百度搜索引擎的部分 HTML 代码。

图 2-17 百度搜索引擎的部分 HTML 代码

由此只能看到其在浏览器端执行的部分代码。动态网页（ *.asp 等）不适于用这种方法查看代码。

2.4.4 浏览内容的过滤

为了突出浏览重点，用户还可以过滤浏览内容，控制图片是否显示、音乐、动画是否播放等，以排除干扰并减少下载时间。主要通过 Internet 的相应选项进行设置。操作方法："工具"→"Internet 选项"→"高级"标签→在"设置"一栏"多媒体"一项的相应设置中选择或取消设置→"确定"。（图 2-18）

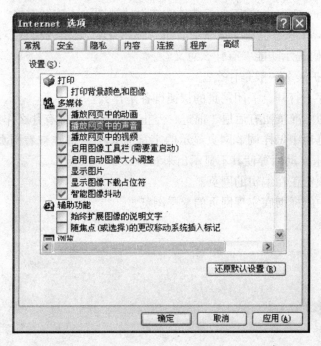

图 2-18 网页内容的过滤——Internet 的选项设置

设置完成后，需要刷新窗口。

2.4.5　窗口的最大化

浏览网页时，IE 窗口通常会显示标题栏、菜单栏、地址栏、状态栏等，对于尺寸和分辨率较小的显示器，无疑占去了屏幕的大量版面。隐藏这些信息，可以最大限度地浏览网页内容，减少移动滚动条的次数和其他辅助时间。按下 F11 键，可以隐藏标题栏、菜单栏、地址栏、状态栏而只显示网页内容和标准工具栏。按 F11 键后，右击，选"自动隐藏"，还可以将标准工具栏的所有按钮也隐藏起来：彻底实现全屏浏览。当需要重新显示标准工具栏时，只需将鼠标指针移到屏幕上边缘即可。再次按下 F11 键，可以重新显示标题栏、菜单栏、地址栏、状态栏等信息。

所以，用户在浏览网页时不是完全被动的。网页设计者必须在自身技术和用户需求之间寻求最佳结合点。以最少的劳动满足用户的最多需求。网页要美观，要别致，更要实用。

思考与练习

1. 设计视图、代码视图各起什么作用？
2. 在浏览器中看不到网页内容，就一定没有 HTML 代码吗？
3. 面板起什么作用？
4. 怎样显示或隐藏插入面板、属性面板？插入面板有哪些显示模式？
5. 设置标尺、网格线、辅助线各起什么作用？
6. 怎样设置 Dreamweaver 的工作参数才能在设计视图输入连续空格？
7. 在 Dreamweaver 状态栏右下角显示诸如"2K/1 秒"之类的信息，什么意思？
8. 怎样启用代码提示功能？有什么意义？
9. 静态网页的扩展名一般是什么？
10. 新建、保存、打开、关闭网页的快捷键各是什么？
11. IE 浏览器的标准按钮有后退、前进、停止、刷新按钮各有什么作用？
12. 用户在浏览器中怎样调节网页显示的字符的大小？怎样查看网页的 HTML 源代码？怎样过滤图片、音乐、动画等使其不显示出来？
13. 怎样快速预览正在编辑的网页？
14. 在浏览器中怎样彻底实现网页的全屏浏览？

第三章

3 站点的管理

────────────── 本章重点提示 ──────────────

◎ 站点的意义、站点的建立与编辑；

◎ 站点信息结构的设置；

◎ 主页设置、站点视图。

一个站点由若干文件夹、文件（网页与其他）组成，其意义在于发布之前，便于本地文件、文件夹的统一管理；并便于全网站内容的整体发布。

3-1　站点的常规编辑

3.1.1　新建站点

一般应先进行网站规划。可通过几个途径实现。（图 3-1）

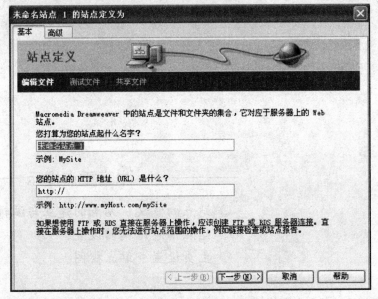

图 3-1　定义站点对话框的"基本"标签

1. 用"站点"菜单"定义站点"对话框的"基本"选项卡

站点→新建站点→"基本"→输入站点名称和 http 地址→下一步→否，我不想使用服务器技术→下一步→编辑我的计算机上的本地副本，输入或选择对应的本地根文件夹的名称→下一步→在"你如何连接到服务器"一栏选"无"下一步→单击"完成"按钮。

2. 用"站点"菜单"定义站点"对话框的"高级"选项卡

站点→新建站点→"高级"→本地信息→输入"站点名称"→指定/选择"本地根文件夹"→选择"默认图像文件夹"→"http 地址"设为空值→启用缓存→确定→……如图 3-2 所示。

3. 用文件面板

在站点名称下拉菜单最后选择"管理站点"打开对话框→单击"新建"按钮→选择"站点"子菜单，系统显示定义站点对话框。以下操作即成为对话框操作，可采用以上两种方法中的某一种实现。

无论采用哪种方法，注意站点名称和本地根文件夹的一一对应关系。为便于记忆，二者可同名。如果系统加了写保护卡，关机后站点名称信息将会丢失，每次上机都要新建站点，无论你将对应的站点根文件夹建在哪个驱动器上。但只要根文件夹存在（存放在优盘等），新建站点只需要重新命名站点，并建立起二者的对应关系。

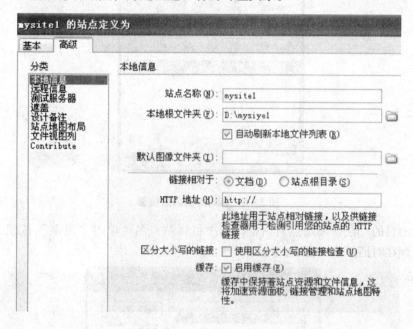

图 3 - 2　站点定义对话框的"高级"选项卡操作

图 3 - 3　文件面板中的站点下拉菜单

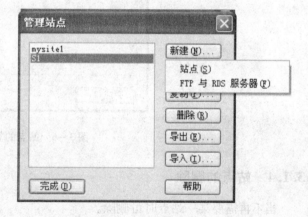

图 3 - 4　利用文件面板"新建"站点

站点建好以后，可在文件面板看到其相应信息（图 3 - 5）。

3.1.2　站点的编辑

如果发现新站点设置不当，选中之，单击编辑按钮，系统可回到定义站点对话框操作，修改其名称、对应文件夹等信息。

3.1.3　站点的复制

站点的复制可用于系统备份或另一个站点采用完全的站点结构，实现两个名称/域名，

图 3 – 5　新建好的站点信息

同一个网站的目的。在管理站点对话框，选中目标站点名，单击"复制"按钮，被复制后的站点即出现在对话框中（图 3 - 6）。

图 3 – 6　站点的复制

3.1.4　站点的删除

当不再需要某一站点时可删除。

单击"管理站点"对话框中相应的按钮可实现。一旦删除不可恢复。但实际上只是删除了站点名称。其对应的文件夹依然存在。

3.1.5　站点的导出、导入

导出站点可以将已有站点的所有信息（名称、文件夹、文件）导出为一个站点定义文件（＊.ste）保存下来，以便在需要时导入站点。一般用于两台计算机之间站点信息的转移——在另一台计算机上导入该站点定义文件，即获得原有站点的全部信息，可免去重建相同站点的麻烦。

3.1.6　站点的打开

只有打开了站点才能在文件面板看到该站点的信息。每次只能打开一个站点，以便编辑其结构和内容。打开新站点即自动关闭了原站点。新建好的站点处于打开状态。可通过"文件"面板或"站点"菜单打开其他站点。

1. 利用"文件"面板

展开"文件"标签下面的下拉菜单，单击另一站点名称（例如图 3 – 3 中的 S1）即可。文件面板也可以通过单击图 3 – 3 中画虚线框的按钮展开成图 3 – 7 的样式。再次单击该按钮可复原之。

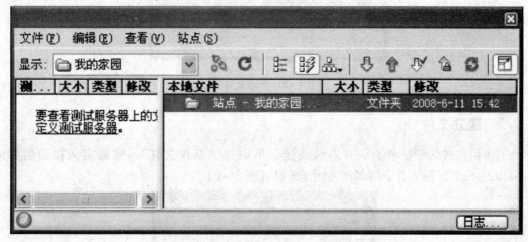

图 3 – 7　"文件"面板的另一种模式

2. 利用"管理站点"对话框打开

通过文件面板或站点菜单打开管理面板对话框，在左侧已有站点列表中选择目标站点，单击完成按钮即可。

如果已经建起一些站点，系统每次启动时，都会自动打开最后一次使用时打开过的站点。

3 – 2　站点信息结构的完善

仅有站点名称和一个根文件夹远远不能满足需要。必须根据需要不断完善其信息结构，首先应该建立多级子文件夹、文件（数据、文本、图片）和主页。

3.2.1　建立子文件夹

右击站点，在右键快捷菜单中选"新建文件夹"，初始名称为"untitled"（图 3 – 8），输入自定的名称，回车即可。

也可以通过"文件"面板右上角菜单中的"新建文件夹"子菜单实现本操作。注意：文件夹名最好不使用汉字字符。

图 3 - 8   新建文件夹

3.2.2 建立文件

右击站点或某子文件夹，在右键快捷菜单中选"新建文件"，系统定义初始名称为
"untitled. html"，输入自定的名称，回车即可（图 3 - 9）。

图 3 - 9   新建文件

也可以通过"文件"面板右上角菜单中的"新建文件"子菜单实现本操作。注意：文
件夹名最好不使用汉字字符。

用这种方式新建文件仅限于网页文件。要想得到其他格式的文件（如图片、普通 DOC
文档等），即使设置了相应的扩展名（如 txt），也不便直接打开。所以，要想在站点中添加
其他格式的文件，可通过"我的电脑"等工具复制、粘贴到相应文件夹，再返回 Dream-
weaver 界面。有时候，粘贴到的文件名前会显示一把小锁，说明该文件处于只读状态。必要
时只有消除其只读属性——右击，在右键快捷菜单中选"消除只读属性"——才可以编辑

和修改原始内容。

3.2.3　主页/首页的设置

主页（Homepage）也叫首页，它是在登录网站时可直接显示，而无需指定文件名的网页。为便于浏览，每个网站必须有而且只能建立一个主页。主页常规的文件名一般为 index. htm。

任何网页都可以设定为主页。方法是：在面板中选中，右击，在菜单中选"设成首页"。设定后默认的首页自行失效。

3.2.4　文件的打开与关闭

新建的文件往往只有位置和名称，而没有可显示的内容。打开后才可以进行编辑。网页文件、纯文本文件、用 OFFICE 套装软件编辑的文件可通过以下几种方式打开：

1. 在"文件"面板选中，右击"打开"。
2. 在"文件"面板选中，单击面板右上角按钮，展开菜单（图 3 – 10），选取文件下的"打开"子菜单。
3. 单击窗口"文件"菜单，选"打开"子菜单，在对话框中选取目标文件。
4. 利用"打开"按钮。
5. 按下快捷键 Ctrl + O，在对话框中选取目标文件。

其他文件打开时往往需要在上述操作中选择打开方式。图片文件默认通过 FireWorks 软件打开。

当同时打开多个文件时，系统以与文件名的相应标签显示不同的窗口（图 3 – 11）。在窗口菜单的最下方也显示若干个已经打开的文件名，也可用于窗口切换。

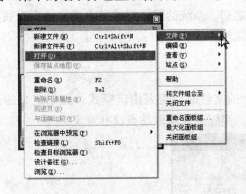

图 3 – 10　利用面板右上角菜单打开文件

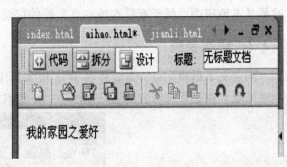

图 3 – 11　同时打开多个网页

文件名后的"＊"表示经过编辑后尚未保存。

关闭文件也可以通过上述几种工具实现。

3.2.5　站点结构的调整

在文件面板本地视图用鼠标拖动文件或文件夹到另一个父文件夹，可调整文件或文件夹的存储位置。如果涉及超链接关系的改变，系统会自动作出提示（图 3 – 12）。一般此时应按下"更新"按钮，则地图视图也会作出相应调整。

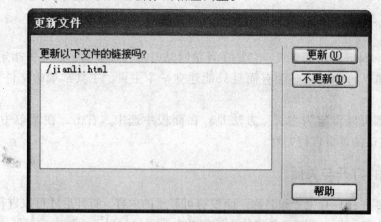

图 3 – 12 调整站点存储结构时系统的提示

3 – 3 站点的视图管理

管理站点时，根据不同需要可采用不同的视图模式——本地视图、远程视图、地图视图等。展开视图下拉菜单可从中选择。

3.3.1 本地视图

本地视图相当于站点的资源管理器。在该模式下，可以看到当前打开的站点的名称、各级文件夹及一些文件。它是在个人机上新建站点之初，系统的默认模式。上述文件面板展示的都是本地视图。便于查看本地站点文件的存储结构。

3.3.2 远程视图

当定义了远程站点，需要查看 Web 服务器上的文件时，需采用该模式。如果定义的是本地站点，在远程视图看到的是如图 3 – 13 信息。实际上对本地站点没有意义。

图 3 – 13 远程视图

3.3.3　地图视图

站点地图可以显示网站所有的链接关系，如果没有建立任何链接，最初只显示首页。如果没有设置首页，地图视图将无法显示，并给出错误信息如图 3 - 14。

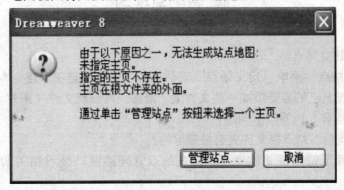

图 3 - 14　没有主页浏览地图视图时的错误信息

通过地图视图可以直观地查看网站的信息结构（如图 3 - 15），也可以通过地图视图建立和修改网站的信息结构。

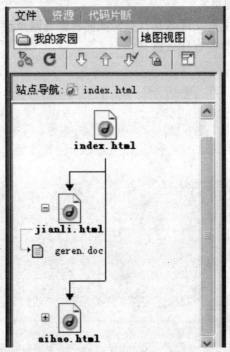

图 3 - 15　地图视图

通过文件面板菜单的"查看"→"站点地图选项"→……可以修改站点地图的显示情况。

当调整文件或文件夹的存储位置时，如果涉及超链接关系的改变，地图视图也会作出相应调整。

通过文件面板菜单的"文件"→"保存站点地图"可将其保存为一个 bmp 格式的图片文件。

📖 思考与练习

1. 为什么要建立站点？

2. 写出用"站点"菜单"定义站点"对话框的"高级"选项卡建立本地站点"心灵驿站"的步骤。根据自己的需要添加一些文件夹。准备一些基础文件（图片、文字等）。

3. 通过上机操作，回答以下问题：

①当删除站点后，站点根文件夹会被删除吗？

②如果先删除了站点根文件夹，还能在站点管理器窗口显示相关的站点吗？还能打开吗？

③通过复制得到的站点和原站点有何关系？如果原站点作了进一步编辑，复制的站点会做相应的改变吗？

④如果站点下同时有 index. htm 和 default. htm 两个网页，而且都没有指定为主页，在站点地图下，看到的是哪个网页？

4. 什么是主页？默认主页文件名是什么？如何将普通网页设为主页？

5. 远程视图和地图视图各有什么意义？

第四章

4 页面与文本属性设置

──────── 本章重点提示 ────────

◎ 页面的属性及其设置；

◎ 文本的属性及其设置；

◎ 列表的属性及其设置。

4 - 1　页面属性设置

页面属性设置包括设置页面背景、文字默认的字体、超链接属性等。设置得当既可以提高工作效率，又可以减少网页的下载时间，增进网站的规范性和一致性，在一定程度上还可以美化和装饰网页。修改和设置页面属性至少可通过以下途径之一实现：

1. 单击属性面板"页面属性"按钮；
2. 右击页面，在快捷菜单中选最后一行命令"页面属性"；
3. 打开"修改"菜单，从中选择执行"页面属性"命令（第一行）；
4. 按下 Ctrl + J 快捷键。

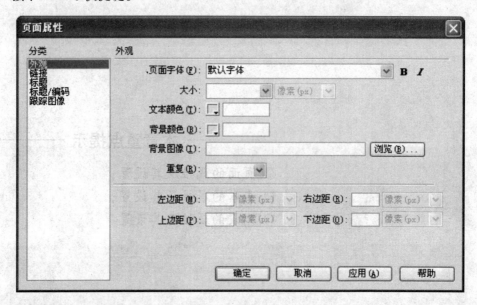

图 4 - 1　页面属性设置对话框

操作后，系统显示如图 4 - 1 所示对话框。首先看到的是关于页面的外观类设置。有以下几项：

1. 页面字体、大小及颜色

实际上是在设置页面最常用的基础字体的属性。由用户群的偏好和网站规划而定。对于公益性网站，一般选宋体 9 磅字，既清楚又美观。楷体等一些字体在字体较小和显示器分辨率较低时笔画会显得不平滑，影响美观和清晰度。

文本颜色可单击该项右侧按钮的右下角黑三角，展开色板（图 4 - 2）从中选取，或在其右侧的文本框中输入 8 位数 16 进制的颜色值（如#00cc99）。一般以黑色为主。

2. 背景颜色

方法与文本颜色设置相同。颜色主基调与网页的内容和风格有关，一般应为较浅的颜色，如浅灰、浅蓝、浅绿等。一是要与前景色有很好的对比，以便于突出前景的显示，二是与前景色的搭配要和谐、美观，避免一些最忌讳的搭配；三是要有利于用户保持良好的视觉

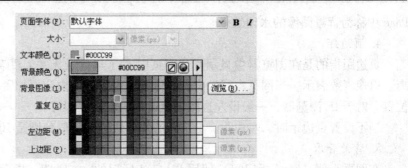

图 4 - 2　文本颜色的设置

和心理，不宜使用刺激性较强的红色等。

3. 背景图像

一般为颜色很浅的灰度图。可烘托网页主题，增强其艺术感染力。但由于在不同显示器中显示效果不同，影响美观和下载速度，在实践中一般很少使用。

当同时设置了背景色和图像时，在浏览器中只显示图像。如果背景图像文件名使用了汉字，则不能显示。用户在上网时，可以控制浏览器不显示图像。

背景图像的格式一般为 * . gif、 * . jpg、 * . png 等，在其文本框中输入图像文件所在的路径或单击其后的"浏览"按钮，打开图 4 - 3 对话框，在网站的相应文件夹中选取后，单击"确定"按钮。

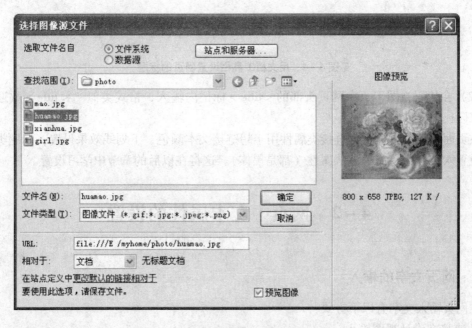

图 4 - 3　添加背景图像时出现的对话框

对话框中的"重复"选项用于设置背景图像是否重复、如何重复。可在下拉菜单的"重复/不重复/横向重复/纵向重复"四个选项中选一。

当前景内容较多，占据一个屏幕以上显示时，移动滚动条，背景图片也将随之滚动，在 < body > 标记中，添加 bgproperties 属性，取值" fixed " ，可防止背景图像移动。这在 Front-

Page 中称为背景图像的水印效果。

4. 页边距

页边距指的是在浏览器中显示时，网页内容（与背景无关）距离浏览器窗口边界的距离。以像素数表示。当网页内容较少时，设置页边距可使内容更加紧凑地显示在页面的中间位置。对于 IE 浏览器，一般设左边距、上边距的像素数即可。

当不设置页边距时，左边距、上边距的像素数的默认值分别是 10px、15px。

5. 背景音乐

在网页头部（head 标记间）使用 bgsound 标记的 src 属性，指定声音文件的存储路径，可加入声音。背景音乐可以采用 mp3、wav、mid 格式等，mp3 为立体声格式。

6. 跟踪图像

跟踪图像作为底图，可用于编辑网页的参考位置等，因此在编辑网页过程中，其显示位置总是和页边距设置有关。在浏览器中不显示跟踪图像。

不透明度：值越大，颜色越深。最初的透明度为 100%，一般应小于 50%。

7. 网页的标题

显示在浏览器左上角的说明性、欢迎性文字。不做任何设置时，显示的是"无标题文档"。规范的网页应该有此设置。设置方法有两种：

（1）在文档工具栏"标题"后面的文本框中输入（图 4 - 4，如：欢迎光临我的家园！）；

图 4 - 4 用文档工具栏设置网页的标题

（2）在代码视图下，在网页头部的 < title > 标记内输入，格式类似" < title > 欢迎光临我的家园！ </title >"。

在页面属性对话框中，链接类属性用于超链接文本颜色、下划线效果设置；标题类属性用于设置六级标题字体的默认属性（都是黑体）。这将在以后的章节中学习设置。

4 - 2 网页中文本属性的设置

4.2.1 网页文字的输入

在网页输入文字有以下方式：

1. 直接在设计视图输入

2. 在其他软件的编辑窗口复制后，利用剪贴板粘贴到 Dreamweaver 编辑窗口

在代码视图编辑网页，可以从其他网页粘贴 HTML 代码。在设计视图操作不仅可以粘贴文字，甚至可以粘贴表格、图片等。当其他格式（如 ∗. txt、∗. doc 等）文档中具有当前网页需要的部分内容时，通过粘贴输入可以大大提高工作效率，还可以省去校对网页内容的麻烦。但有时候会产生一些多余的代码。

3. 从其他格式的文件导入

表格式数据、Word 文档、Excel 文档均可以以这种方式导入。方法是展开"文件"菜单，执行"导入"命令，而后在下级菜单中选择相应命令行（图 4 - 5）。其中，表格式数据通常指的是数据库表如 ∗.dbf，∗.mdb 等文件。导入后网页将产生一个表格。导入 Word 文档时不仅可以导入其文字，而且可以保留其部分格式（可以是仅文本或带结构的文本），自动清理段落间距等（图 4 - 6）。导入 Word 文档后，为了减少代码冗余，一般应该进行代码清理。方法是执行"命令"菜单下的"清理 Word 生成的 HTML"命令（图 4 - 7）。

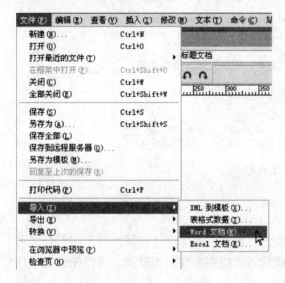

图 4 - 5　导入文档菜单

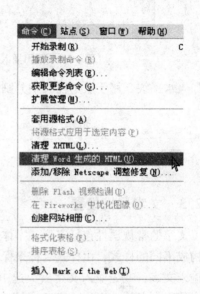

图 4 - 7　清理 Word 生成的 HTML

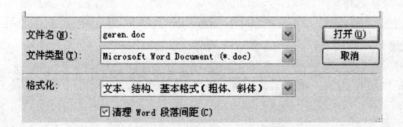

图 4 - 6　导入 Word 文档时对话框的部分内容

在网页中输入文字（字符）时，Word 编辑操作的快捷键均可用：

全选：Ctrl + A　　剪切：Ctrl + X　　拷贝：Ctrl + C　　粘贴：Ctrl + V
删除：Del　　　　撤销：Ctrl + Z　　恢复：Ctrl + Y

4.2.2　特殊字符的输入

利用插入工具栏（"文本"模式）最右侧的按钮，可插入换行符、空格、英镑符号、版权符号等（图 4 - 8）。利用插入工具栏（常用模式）按钮或"插入"菜单的日期命令行可在网页中插入当前的系统日期（时间）。

利用"插入"工具栏（HTML 模式）左起第一个按钮或在代码视图中使用 < hr > 标记，

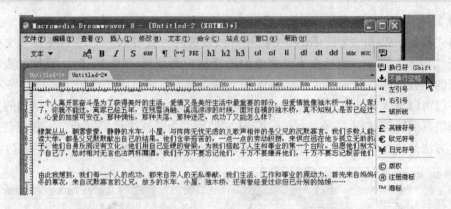

图 4-8 利用插入工具栏（"文本"模式）输入特殊字符

可加入水平线，用于上下段文字分割成两个明显的区域（图 4-9）。

图 4-9 工具栏

4.2.3 文字属性设置

文字的常规属性包括字形、字体、大小、颜色、对齐方式等。这些属性的不同组合又可以构成不同的样式，由样式名称来保存。文字属性通常使用属性面板设置。可以先设置属性后输入文字，或先输入文字后，选中再进行设置。每做一种设置，系统便自动记忆一种样式，依次命名为 style1，style2，style3……（图 4-10）。必要时对于网页中的其他文字可以选用该样式。

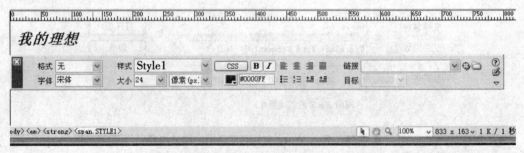

图 4-10 文字的属性面板

如字体有特殊需要，可展开字体一栏的下拉菜单，执行其最下一行的"编辑字体列表"命令，打开相应对话框（图 4-11），在"可用字体"一栏选取后逐一添加到"选择的字体"一栏，最后单击"确定"按钮。

注意，浏览器在具体显示时，首先考虑用第一种字体显示，如果该字体在用户的计算机上不存在（没有安装，为节省硬盘空间有意删除等），再考虑按第二种字体显示……依此类推。因此，在设置文字的字体属性时，一是不要选用过于怪异的字体，二是在字体列表中最好设三种以上字体，而且其中必须包含最常用的字体，免得在用户端不能显示。此外，为了

图 4-11 编辑字体列表对话框

呈现页面的规范性和风格的需要，同一页面的字体、字号、颜色应不超过 3~4 种。

文字属性面板中"格式"一栏，默认为"段落"，此外可以选择"标题1"、"标题2"……，它是一种标题字体，可以通过页面属性设置，定义各种标题字体的具体属性。

如果只设置上述属性，当用户在浏览器中浏览网页时，利用浏览器窗口的"查看"菜单的相应选项可以改变字体大小。而且随着浏览器窗口宽度的调整，文字的行数也会发生改变（图 4-12），破坏了页面布局。为消除窗口宽度的影响，以固定的布局显示网页，并阻止用户在浏览器中改变字体大小，应先在"格式"一栏选"预先格式化的"，再设置其他属性。

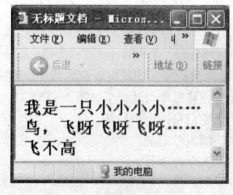

（a）窗口原始大小

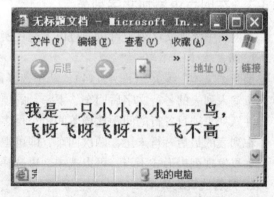

（b）向右拖动右边框之后

图 4-12 随着浏览器窗口宽度的调整，文字的行数发生改变

4－3　文字列表

　　文字列表的意义在于按一定的顺序或格式罗列一些事项，不仅整齐美观，而且可以简化网页制作人员的工作——自动产生空格或编号、符号等。

　　文字列表分编号（有序）列表、项目（无序）列表、定义列表三大类。

　　图4－13所示是在网页中大量使用文字列表的例子。其"最近更新"栏目使用的是编号（有序）列表，而"搜索引擎"、"网店研究"等栏目使用了项目（无序）列表。

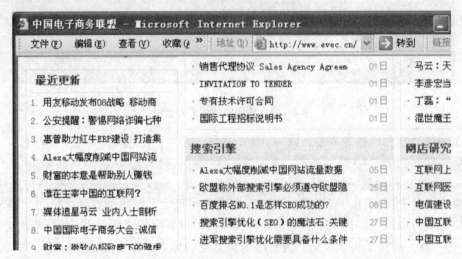

图4－13　在网页中使用文字列表

4.3.1　在网页中添加文字列表

　　在网页中添加文字列表可以通过以下途径实现：

　　1. 用"文本"菜单

　　展开"文本"菜单（图4－14），从中选择需要的列表类型，即可进入相应列表的编辑状态。输入列表的各行文字后回车，下一行的项目编号或符号即自动产生（图4－15）。

　　注意列表项目各行的间距比段落间距小得多，因为它们是同一个段落。

　　在列表的最后一行末尾，两次回车，即可退出列表编辑状态。

　　如果发现列表形式不当，可以选中，再选择合适的菜单命令行。

　　2. 用属性面板的按钮

　　在文字的属性面板中，提供了两个列表按钮。单击后可进入相应的列表编辑状态。也可以先输入文字后选中，再单击按钮，使之转变成为一种列表形式。

4.3.2　列表属性的修改

　　如上操作只能产生编号列表和项目列表。初始的编号和项目符号的样式也很单一。必要时应修改列表的属性。

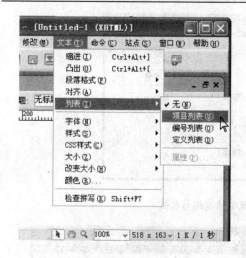

图4-14 展开"文本"菜单

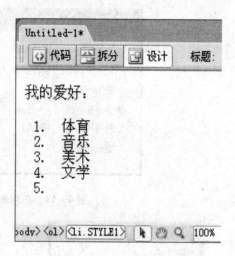

图4-15 列表的编辑状态

利用左右缩进可形成多级列表。项目符号和编号的样式可以逐级变化。

项目符号默认层次从高到低是黑点→圆环→方块（图4-16）。每右缩进一次降低一个等级。其样式也可通过代码调整，< ul type = circle/disc/quare >。

编号列表最初的编号样式无论做几次右缩进均为阿拉伯数字（图4-17）。要调整编号样式，可单击某行，单击属性面板"列表项目"按钮（或在"文本"菜单选择"列表"/"属性"命令行），在列表属性对话框（图4-18）中，选择另一种样式、制定开始序号等。必要时也可以在此改变列表类型。

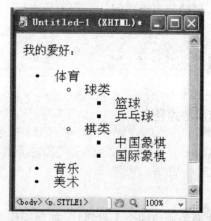

图4-16 多级项目列表

图4-17 多级编号列表最初的编号样式

注意，在"列表类型"下拉菜单中，目录列表和菜单列表是早期列表形式，与无序列表无实质差别。目前已经基本不再使用。"定义列表"用于在网页中解释一些概念、术语。欲编辑定义列表，可进行以下操作：单击"文本"菜单，选择"列表"命令的"定义列表"，在页面输入概念（术语）后回车，在下一行输入此概念或术语的解释性文字，输入下一个概念（术语）后再回车，在下一行输入解释性文字……如此继续。

使用"定义列表"的好处在于二者可以错落排列，而且不论概念（术语）或解释性文字均可自动对齐。

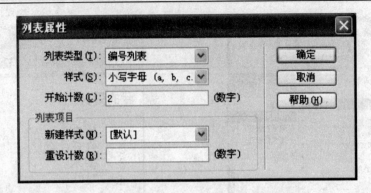

图 4-18 在列表属性对话框中修改编号样式

图 4-19 修改后的多级编号列表

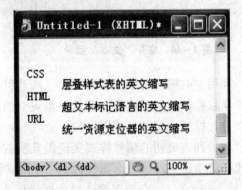

图 4-20 使用"定义列表"的效果

在 FrontPage 中还可以实现列表折叠，有动态效果、可精简页面空间。

思考与练习

1. 为什么要设置页面属性？修改和设置页面属性有哪些途径？
2. 设置页面背景颜色应该注意哪些问题？
3. 设置网页背景图片后，如何使之不随滚动条移动？
4. 如何设置页面的页边距？
5. 怎样为网页添加背景图片？
6. 什么是网页的标题？要为你的网页添加标题"欢迎关顾我的个人世界！"如何操作？
7. 利用粘贴或导入的方法生成网页内容有何利弊？如何消除不利影响？
8. 写出编辑网页时常用的一些快捷键。
9. 如何在网页中插入美元符号、欧元符号、当前系统日期、水平线？
10. 修改网页的"标题 1"格式，新宋体，加粗，18 像素、颜色为#999900。在网页中输入"我的个人世界"，应用该格式。
11. 在网页中输入文字"我的简历 我的爱好 我的理想 我的成就"（中间均为两个空格），属性为绿色、18 像素、居中对齐，最好为幼圆字体，如不能显示，则以仿宋体代替，实在不行就用宋体。

12. 对上一题输入的文字，要防止用户在浏览器中改变字体大小，或者随着浏览器窗口宽度的调整，改变文字的行数，如何处理？

13. 在网页中使用文字列表有什么好处？Dreamweaver 的文字列表有哪几大类？

14. 在网页中添加文字列表有哪些途径？

15. 在网页中添加如图 4－16、图 4－19 所示的多级列表。

16. 什么是定义列表？在网页中添加如图 4－20 所示的定义列表。

第五章

5 文本超链接

———————— 本章重点提示 ————————

◎ 超链接的意义；
◎ 建立常规超链接的操作；
◎ 建立书签超链接、电子邮件超链接、脚本
　 超链接的操作。

　　超链接是网页制作的核心技术，可从当前网站的文本、图片（或其一个区域）、按钮等元素跳转到目标文件、网页的目标位置或其他网站（页）。

　　1. 被链接对象可以是网页、网址（IP 地址）、邮箱、图片、音乐、脚本、可执行文件、数据文件等；

　　2. 被链接对象如果不是网页、网址（IP 地址）或常规格式文件，需要自行启动相应的软件，才能打开被链接文件看到链接效果。由于客户端一般都安装 Office 套装软件（Word、Excel 等），如果被链接文件是由这些软件编辑而成的文件，IE 会要求下载，而后即可打开；

　　3. 对于非 Office 文件要特殊处理，例如：对于一些特殊格式的图片、音乐、视频等需要一些特殊的插件才能看到最终效果。

　　最常用的是文本超链接。它是从网页中的文本链接到被链接对象的超链接。

5 – 1　普通文本超链接

　　建立普通超链接可用以下多种方法实现：

图 5 – 1　插入工具栏（常用）中的"超链接"按钮（已按下）

　　1. 用插入工具栏（常用）中的"超链接"（左起第一个）按钮

　　在插入工具栏（常用）（图 5 – 1）单击"超链接"按钮，出现图 5 – 2 所示对话框。按照需要输入或选择即可。

图 5 – 2　超级链接对话框

　　其中，文本：指网页中的基础文字。如"我的爱好"。

　　链接指被链接对象的路径。可以直接输入或单击其后的浏览按钮，在图 5 – 3 所示的对话框中选择。如 aihao. html。

　　目标：指目标框架（具体含义见"框架"一章）。可以暂不指定或在下拉菜单中选"_blank"。

　　标题：鼠标移入文字时指针右下方将要显示的提示性文字。如"单击查看我的爱好"。

　　访问键：单个字母。设置后（可不使用鼠标单击）同时按下 Alt 键和相应的字母键激活该链接；如 k。

Tab 键索引：1～999 间的一个数字。当页面上有多个超链接时，设定后多次按下 Tab 键即可按照该数字由小到大的顺序选中相应的目标超链接——不使用鼠标。

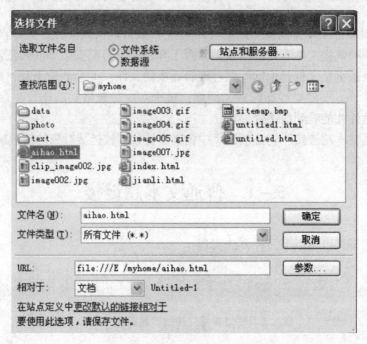

图 5-3　选择文件对话框

在图 5-3 所示对话框中，URL：Uniform Resourth Locator 的缩写，意思是"统一资源定位器"。其格式为：协议：//网站域名/路径。在网页没有保存和发布时，"协议：//网站域名"部分将以"file：///"代替。

"相对于"一项可以选择"文档"或"站点根目录"，一般用前者。用于当在文件面板修改目标文件的位置或目标超链接时，网页的 HTML 自动作出调整为相应（相对）路径。

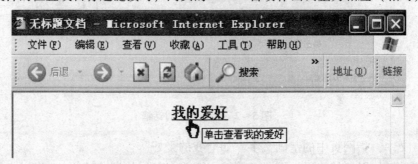

图 5-4　建立超链接后的浏览效果

2. 用插入菜单

单击"插入"菜单，选择"超级链接"命令行，出现"超级链接"对话框。操作方法同前。

3. 用右键快捷菜单

在编辑窗口选中文本，右击，在快捷菜单中选"创建链接"，系统将打开选择文件对话框，操作方法同前。如果此前已经建立链接后，执行本操作时，快捷菜单将显示为"更改链接"，操作方法同前。

4. 用属性面板

在编辑窗口选中文本，在用属性面板右上方"链接"一栏输入被链接对象的路径；或按下其右侧的"指向文件"图标（图 5 –5）不放，拖动到文件面板的被链接对象名上，松开；或单击右侧的"浏览文件"图标，打开"选择文件"对话框进行操作。

图 5 –5　属性面板中用于建立超链接的工具

5 –2　其他文本超链接

除了常规的超链接目标外，被链接对象还可以有多种形式。

1. 电子邮件超链接

被链接对象是 E-mail 地址，称为电子邮件超链接。在浏览器中单击链接时，会自动打开邮件管理软件（Outlook、Foxmail 等，据系统设定的默认电子邮件管理软件而定）。初次使用时系统首先出现图 5 –6 所示对话框。选择"是"或"否"后，进入邮件编辑状态图 5 –7 所示。

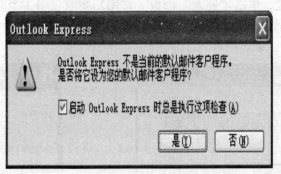

图 5 –6　单击电子邮件超链接后的对话框

建立电子邮件超链接的方法本质上可为上述方法之一，只是链接目标路径的格式为："mailto：E-mail 地址"。例如：mailto：malong@ 126. com。

也可以通过"插入"菜单完成：插入→电子邮件链接。此时，系统显示图 5 –7 所示对话框，输入基础文字和目标 E-mail 地址后，"确定"即可。

2. 锚点超链接

此前的链接不指定目标网页的起始显示位置，结果为从网页的第一行开始显示。锚点超链接主要用于指定目标网页的同时，指定其显示起始行的位置。该位置由锚点（Anchor，又

图 5 – 7 单击是否后进入邮件编辑状态

称锚记）来控制。可以将锚点定义在本网页或其他网页。一个网页中可定义一个或多个锚点。如果把网页看作一本书，那么锚点就像夹在其中的书签。所以锚点超链接又称书签超链接。建立锚点超链接应分以下几个步骤完成：

图 5 – 8 "电子邮件链接"对话框

（1）定义锚点（书签），明确其位置和名称

光标移到目标位置，单击"插入"面板（常用）相应（第 3 个）按钮（或打开插入菜单，从中执行"命名锚记"命令或按下 Ctrl + Alt + A 键），当系统显示"命名锚记"对话框时，输入"锚记名称"，确定即可。

图 5 – 9 "命名锚记"对话框　　　　　　　　**图 5 – 10 插入锚点后显示出的标志**

插入后在目标位置显示出相应标志（图 5 – 10）。该标志属于可视化助理，可以通过相关操作（"查看"菜单→"可视化助理"→"隐藏所有"）隐藏。但在浏览器窗口永远不会显示出来。

（2）建立超链接

选中文本，指定超链接目标为"#书签名称"即可，如"#c1"。

书签（锚点）可以设在其他网页。此时，URL 的#前是目标网页的路径，如 http: // qwe. wsx. edu. cn/news. html#c2。

如果指定目标书签为#，而不指定具体的书签名，可从目标网页的页首开始显示。一般用于建立从网页末尾回到页首的链接。

3. 脚本超链接

脚本超链接的链接对象为某脚本语言（Javascript，VBscript，Jscript 等）的属性或方法程序，不需要我们编写相应的程序段，只要指定出来即可。表 5-1 是一些经常使用的链接目标。"链接目标"中的"javascript："部分也可以用其他脚本语言代替。

表 5-1　一些经常使用脚本超链接的链接目标

链　接　目　标	功　　能	备　　注
javascript：alert（´xxxx´）	显示警示框	Xxxx 信息按需要输入
javascript：window. close（）	提醒是否关闭当前窗口	先确认，后关闭
javascript：document. write（´xxxx´）	向网页中写入信息	Xxxx 信息按需要输入
javascript：open（´*. txt´）	打开指定文档或网页	文件名按需要输入
javascript：；	虚拟链接，点击后没有任何变化	末尾必须输入分号

图 5-11、图 5-12 是使用了相应的脚本超链接后的结果。

注意，在使用了脚本超链接后，可能导致在浏览网页时，不能显示效果。这是因为浏览器阻止了一些不安全因素的结果。可以在 IE 浏览器的"Internet 选项"设置中，将"高级"选项卡的安全设置修改为"允许活动内容在我的计算机上运行"即可。

图 5-11　单击后显示警示框

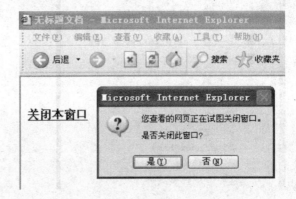

图 5-12　单击后显示关闭窗口对话框

📁 思考与练习

1. 在网页中使用超链接有何意义？
2. 被超链接的可以是哪些对象？
3. URL 是什么意思？
4. 假定你自己的站点已经有了以下的站点地图结构（图 5-13），试在主页把文字"我的简历、我的爱好、我的照片、站点地图"分别利用插入工具栏、插入菜单、右键快捷菜单、属性面板依次链接到 geren. doc, aihao. txt, image002. jpg, sitemap. bmp。

5. 在网页中添加文字"发送邮件", 单击之打开邮件编辑器窗口, 收件人的 E-mail 地址为"mrmayingjiu@126. com"。编辑邮件内容后即可立即发送。

6. 现有一本书的网页 dushu. htm, 共有 10 章内容。假定要建立一个专门用于阅读本书的网页 dushu. htm, 其中只包含该书的目录名（图 5 – 14）, 希望单击哪一章的序号, 就可以从书籍网页那一章的标题开始显示内容, 以便迅速阅读, 试实现此操作。

7. 假如在上一题中希望在读完每一章后, 从其末尾处, 单击"回目录"就可以回到目录页, 如何操作?

8. 建立图 5 – 11、图 5 – 12 的超链接效果——单击"我的成就", 显示警示框"此网页正在编辑中!", 单击"关闭本窗口"显示询问对话框"是否关闭本窗口?"。

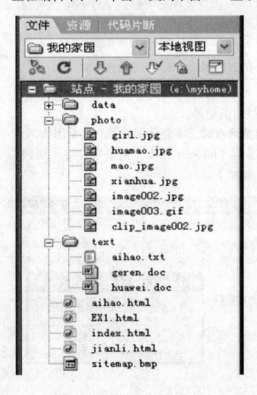

图 5 – 13　已知站点的文件结构

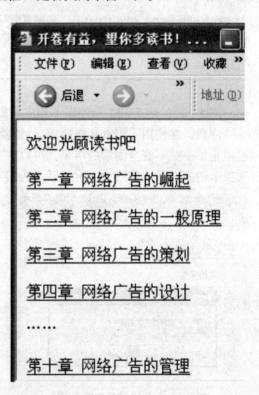

图 5 – 14　dushu. htm 的内容

第六章

6 在网页中使用图像与多媒体

---- 本章重点提示 ----

◎ 网页支持的图片格式及其特点；
◎ 网页图片属性设置及编辑；
◎ 图像的超链接、图像映射与导航条；
◎ 网页中多媒体的插入。

6 - 1　浏览器支持的图像格式

图像的格式有多种，不同公司开发的图像处理软件生成的图像往往格式不同、特点不同。目前只有以下格式可应用于网页中。

jpg（jpeg）：它是标准的 Web 图片格式。真彩色，可选择压缩比，不支持动画和透明。字节数较大，多数图像处理软件都支持该格式。常用于全彩的连续色调图像。

gif：也是标准 Web 图片格式，256 种颜色，缩放易失真，支持动画和透明，字节数较小，而且该格式还支持隔行扫描，有利于用户尽快看到图片。多数图像处理软件都支持该格式，所以可作为网页图像的首选格式。

png：它是 Adobe 公司 FireWorks 软件特有的图像格式，不仅真彩色，而且支持动画和透明，字节数也较小。较高版本的 IE/Netscape 浏览器支持该格式。

bmp：位图格式。视觉效果好，缩放易失真，字节数很大。在网页中使用仅限于长宽尺寸很小的图片，否则会严重影响网页的下载速度。

其他格式图像一般需经过转化——转化为以上格式，方可在网页中使用，否则在浏览器中不能浏览，需要加入相应的插件。

在网页中使用图像会极大增进网页的感染力和直观性。但过多使用图片会影响网页的下载速度。所以，要解决图像的视觉效果与传输时间的矛盾，原则是不宜过分追求色彩丰富的大图片。

6 - 2　图像的插入和编辑

6.2.1　在网页中插入图像

在网页中插入图像一般可通过以下途径：

1. 插入菜单

单击"插入"菜单，选择"图像"命令行。

2. 插入面板

在插入面板（常用），单击图片按钮（左起第 6 个）。

3. 按下组合快捷键：Ctrl + Alt + I

操作后，系统显示"选择图像源文件"对话框（图 6 - 1）。在"查找范围"下拉菜单选择文件夹，选择或输入文件名后，注意"图像预览"一栏其原始尺寸和字节数，它们将影响到网页的网上传输时间。单击"确定"按钮，并再次确认，系统显示图 6 - 2 对话框。

图 6 - 2 中，"替换文本"指鼠标移入图像时鼠标指针右下方将要显示的文字，同时也是当关闭了浏览器的图像显示功能时，在图片位置显示的文字，也可以为空。"详细说明"一项可以指定一个 URL。通常清空即可。输入相应信息，单击"确定"，图片即插入到页面中。图 6 - 3、图 6 - 4 是添加了"替换文本"的预览效果。

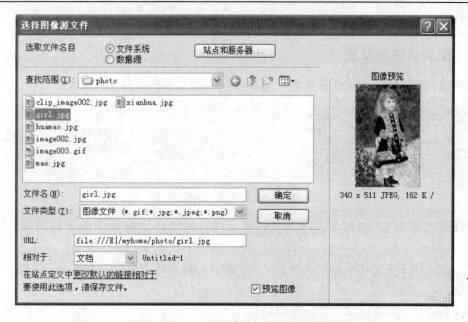

图 6-1　"选择图像源文件"对话框

图 6-2　图像标签辅助功能属性对话框

图 6-3　替换文本效果 1　　　　　　　　　图 6-4　替换文本效果 2

　　在低版本的 Dreamweaver 中，插入汉字文件名图片可能会导致在浏览器中不可预览。因为不能实现汉字文件名的自动识别。对于 Dreamweaver 8.0，可插入汉字文件名图片而自动转换 HTML。

6.2.2 图像属性的设置

插入图像后选中，在属性工具栏（图 6 – 5）可显示或修改其属性。

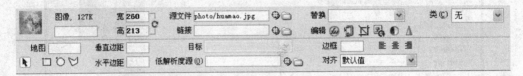

图 6 – 5 图像属性的设置

图像（文本框）：图像名，与其文件名无关，用于区别网页中的不同图像，可自主命名。

宽、高：用于指定在网页中的视觉尺寸，默认以像素数为单位。不改变图像的实际尺寸和传输时间。

源文件：用于指定图像文件的存储路径。

替换：用于指定图像的"替换文本"。浏览器不显示图片时在相应位置显示的文字；浏览器显示图片时显示在鼠标右下角。

链接：用于指定图像的目标超链接。

垂直、水平边距：用于指定图像与窗口边缘及环绕对象的间隔距离。以像素数为单位。

目标：有超链接时用于指定目标框架，未指定目标超链接时不可用。

低解析度源：用于指定为减少字节数较多的真彩色、大尺寸图片传输时间过长给用户带来的不便，而首先显示出来的字节数较少的图片。一般为相同尺寸的灰度图像。

边框：设置图像边框的宽度（像素值）。

对齐：用于指定图像与环绕对象（其他图片/文字）如何对齐。展开其下拉菜单，有基线对齐、顶端对齐、底部对齐等多种选择。

注意，"默认值"往往相当于基线或底部对齐。底部对齐和绝对底部对齐略有差异。在此，图片只能和一行文字大体以三类方式（顶部、居中、底部）对齐，要和多行文字或以其他方式对齐，须采取其他技术手段。

6.2.3 图像的编辑

如果需要改变图像的内容、真实尺寸和存储格式、亮度、对比度等，需要按下编辑按钮区的相应按钮（图 6 – 6）。从左到右按钮依次是编辑、优化、裁剪、重新取样、亮度和对比度、锐化。

图 6 – 6 属性面板的编辑按钮区

如果安装 Dreamwear 时一并安装了 FireWorks，则单击编辑按钮时，系统会自动调用 FireWorks 软件，打开其编辑窗口，可全面修改图像的内容、尺寸、格式等。如果未安装

FireWorks，单击编辑按钮系统将不做反应。

单击优化按钮，同样会自动调用 FireWorks，可以将 bmp、jpg 格式改为 gif 格式等。在不改变图片大小的情况下，大大减少其字节数。

单击"重新取样"按钮可以恢复到图像编辑（缩放等）之前的样子。

裁剪、调整亮度和对比度、锐化等操作无需调用 FireWorks 可完成。裁剪后图像的实际尺寸减小，字节数必然减少。调整亮度和对比度时，系统显示图 6-7 所示对话框。选中"预览"复选框，可以随时观察调整参数后的效果。

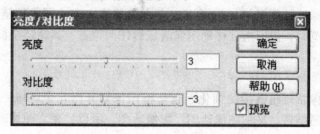

图 6-7 调整"亮度/对比度"对话框

6.2.4 图像占位符

在暂时没有合适的图片时，可以先用具有一定尺寸的方框为其预留版面，称为图像占位符。占位符可以临时代替图像样进行缩放、设置一些属性。待有了合适的图片时，选中该占位符，重新指定"源文件"的存储路径即可。插入图像占位符的方法是：展开"插入"菜单，在"图像对象"命令行的子菜单中，选"图像占位符"，（或在"插入"面板"图像"按钮组选"图像占位符"）系统将显示相应对话框（图 6-8）。主要按照布局的需要设置好宽、高数据，确定即可。

图 6-8 "图像占位符"对话框

6-3 图像超链接

6.3.1 图像常规超链接的建立

建立图像常规超链接的方法与建立文本超链接基本相同，首先选中图片，而后可通过以下几个途径进行。

1. 用插入工具栏（常用）中的"超链接"（左起第一个）按钮；
2. 用"修改"菜单；

展开"修改"菜单，选取"创建链接"命令，系统显示"选择文件"对话框，操作方法同前；

3. 用右键快捷菜单；
4. 按下 Ctrl + L 快捷键；
5. 用属性面板。

无论是否为图像添加超链接，均可以为之添加替换文本。图像超链接的基础是整个图像。在浏览器中浏览时，鼠标指针移到图像区域的任何位置，其超链接都生效而且等价。

6.3.2　图像映射

图像映射是图像常规超链接的细化，它是将图像划分出几个区域——称为热点（区），再分别建立各自的超链接，又称图像地图、影像地图。所以，建立图像映射的实质就是建立一幅图像上多个热点（区）的超链接。

图像的属性工具栏的左下角的几个按钮（图 6-9）提供了建立图像映射的工具。从左向右依次为：

指针热点工具：用于选取和拖动热区。

矩形热点工具：用于绘制矩形、正方形热区。直接在目标区域拖动鼠标即可。

椭圆热点工具：用于绘制圆形、椭圆形热区。直接在目标区域拖动鼠标即可。

多边形热点工具：用于绘制多边形、不规则热区。依次顺序单击各个轮廓点，欲封闭轮廓时双击起始点即可。

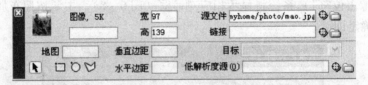

图 6-9　属性工具栏用于建立图像映射的工具（虚线框内）

绘制好热区后，该热区处于编辑状态，属性栏变为图 6~10 形状。用鼠标指针拖动热区内任何一点，可以移动其位置，拖动轮廓点可以进行热区大小的调整，可以指定目标超链接和目标框架。为便于区别，最好对各个热区指定相应的"替代文字"。

图 6-10　热区的属性

刚绘制的热区自动添加黑色轮廓线，并以浅绿色填充（图 6-11），但这只是为了便于编辑。在浏览网页时，不会显示出来。无论是否指定超链接，浏览网页时当鼠标指针移入热区范围时，均显示小手（图 6-12）。

图 6－11　刚绘制好的热区

图 6－12　图像映射的浏览效果

6.3.3　鼠标经过（反转）图像

它指的是一种交互效果——鼠标经过某图像时，该图像自动变换为另一幅尺寸相同图像。可通过以下几个途径实现：

1. 利用"插入"菜单

展开"插入"菜单，选择执行"图像对象"命令下的子菜单"鼠标经过图像"，系统出现图 6－13 对话框。输入一些文本，并单击"浏览"按钮选取相应图像文件，确定即可。在其最后一行"按下时，前往的 URL"可以指定超链接。

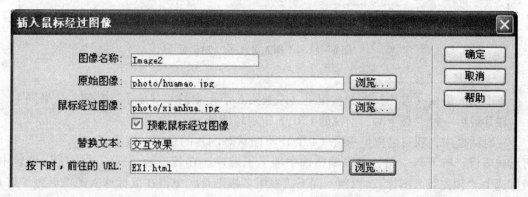

图 6－13　插入鼠标经过图像对话框

2. 利用插入面板（常用）

单击插入面板（常用）图像按钮组（左起第 6 个）中的"鼠标经过图像"按钮，结果同 1。

注意：IE 浏览器的相关选项必须设置为"允许活动内容在我的计算机文件中执行"，才能看到交互效果。另外，如果两幅图像尺寸不等，IE 将自动调整后者适应前者大小。

可以为鼠标经过图像指定超链接。

6.3.4 导航条

导航条指的是一排具有鼠标经过与超连接效果的图片。顾名思义，它可以起到导航作用。一般有 3~5 个图片（组），位于网页的顶部或左侧。显然，图片的尺寸和字节数都不宜过大，否则会加大下载时间。

在网页中插入导航条的途径有：

1. 利用"插入"菜单

展开"插入"菜单，选择执行"图像对象"命令下的子菜单"导航条"，系统出现图 6-14 所示对话框。输入一些文本，并单击"浏览"按钮选取相应图像文件，确定即可。

图 6-14　"插入导航条"对话框

2. 利用插入面板（常用）

单击插入面板（常用）图像按钮组（左起第 6 个）中的"导航条"按钮，结果同 1。

在其最后一行"按下时，前往的 URL"指定超链接。

在对话框中，项目名称是一组（4 个）不同状态图片的总称。按下"＋"、"－"按钮可增减项目。按下黑三角，可以调整选中项上下顺序。在其最后两行的"选项"设置中，最好选中"预先载入图像"，以便一同下载多组多幅图片，免得在鼠标移入图像后过了好长时间才看到交互效果。

对话框可以呈水平或竖直安置。

可在对话框的最下一个菜单中选择。水平导航条一般设于网页顶部，而竖直导航条一般设于网页左侧。

注意：为导航条美观起见，导航条设计的所有图片最好具有相同的尺寸，以便对齐并大小相等、没有间隙。另外在网速较快或在本机预览时，可能看不到同一项目（组）中"按下图像"、"按下时鼠标经过图像"的出现，故通常该两项可不做设置。

6－4　网站相册的创建

此前的图片及其超链接都是人工插入和建立的。当网页中需要较多的图片和超链接时，这些工作可以由系统自动完成。创建网站相册就是生成按表格排列的图片缩略图网页，并自动建立到每个图片的超链接——生成一批网页。于是可以大量节省人力劳动，提高工作效率。

6.4.1　操作步骤

该操作主要通过命令菜单实现：展开"命令"菜单，选择"创建网站相册"命令，系统显示"创建网站相册"对话框（图6－15）。该操作必将自动生成源图像文件加每个图片的缩略图。

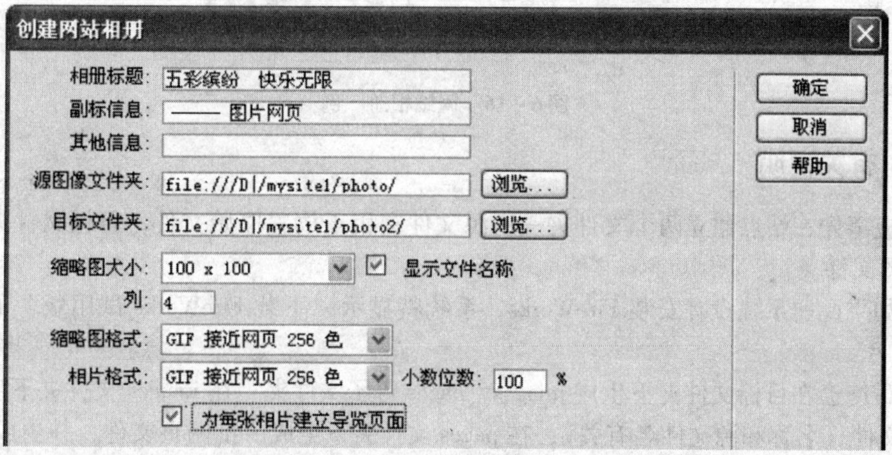

图6－15　"创建网站相册"对话框

其中，缩略图的大小最大为200×200，只能从下拉菜单中选择。

为防止图像文件名长短比一、中英文并用等情况，一般可不显示其文件名。

缩略图和相片的格式均有"接近网页128色"、"接近网页256色"、"JPEG较高品质"、"JPEG较小文件"四种，可在下拉菜单中选一。

如果选中对话框最后一行的"为每张相片建立导航页面"，则除了自动生成每个图片的缩略图之外，还会建立从每张缩略图到每个真实图片的超链接页面。

按照网站需要输入标题、副标题、源文件夹……设置完成后单击"确定"按钮。执行该操作时系统会自动调用FireWorks，需要较长时间。最终显示"相册已经建立"对话框。单击其"确定"按钮，相册页面即出现在编辑窗口（图6－16）。需要人工关闭FireWorks窗口。

图 6-16　网站相册一例

6.4.2　有关说明

1. 应事先在站点建立两个文件夹——源文件夹用于放置原始文件，目标文件夹用于放置缩略图文件。

2. 如果此前系统没有安装 FireWorks，系统将显示"下载 FireWorks 试用版"的提示对话框。

3. 最终会在目标文件夹下生成 images、pages 等子文件夹。在 images 文件夹下生成一批缩略图文件（名称和源文件名有关），在 pages 文件夹下生成一批网页文件，并生成主页 index. html。

图 6-17　网站相册中自动生成的一个网页

　　4. 源图片名称、尺寸最好事先规范化统一处理，以使显示效果整齐美观，生成的网页容易辨识。图6-17中所示的图片事先未经一致性处理，影响了视觉效果。

　　5. 自动生成的网页、表格属性等可进一步编辑，以便增强其美观性、实用性。图6-18所示是自动生成的其中一个超链接的效果，需要进一步编辑、美化。

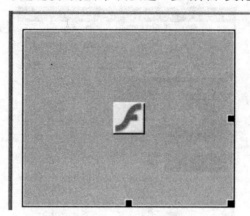

图6-18　插入FLASH后的页面的显示

　　6. 创建网站相册是一种快速生成网站的方法，适用于旅游类小网站建设。

6-5　网页中的多媒体对象

　　在网页中使用多媒体对象往往涉及插件、解压缩等技术，直接插入时，使用效果不佳。如果只是被链接对象，用户浏览网页时，浏览器将调用客户端的播放器展示其效果。

6.5.1　插入动画

　　网页中可插入 Flash 动画和 gif 动画。操作方法可采用下述之一：
　　1. 展开"插入"菜单，执行"媒体"命令，选择"Flash"子菜单；
　　2. 单击插入面板（常用）媒体按钮（第7组）中的"Flash"一项；
　　3. 按下快捷键 Ctrl + Alt + F。
　　操作后，系统出现"选择文件"对话框，选择适宜的路径即可。
　　注意：在网页中插入 Flash 动画应采用 swf 格式，这是一种流媒体格式，可实现边下载边播放，大大节省用户的时间。其他流媒体格式的多媒体文件还有 asf、rm、ra、rp、rt、viv、mov 等。
　　插入后，页面出现图6-18。在属性面板（图6-19）点击"播放"按钮可预览。

图6-19　Flash 动画的属性面板

可通过参数设置 Flash 动画的播放属性（自动播放、重复次数、速度）和播放器外观（是否显示控制栏、状态栏等）。如果未加入特殊参数设置，在浏览器窗口通过右键菜单可控制播放属性（图 6 – 20）。

网页中插入 gif 动画和插入 gif 格式的图片完全相同。

图 6 – 20　在浏览器窗口动画的右键菜单

6.5.2　插入背景音乐

可通过 HTML 代码设置，在头部使用 bgsound 标记的 src 属性，指定其属性值为某一路径即可。如 < bgsound src = " file：///D | /mysite1/media/s1. wav" / >。

注意：背景音乐为声音文件。声音文件格式有 wav、mid、mp3、aiff、au、voc 等。其中，mp3 格式为立体声格式，音响效果最好。

6.5.3　插入视频文件

利用"插入"菜单或插入面板按钮插入 Shockwave 即可。Shockwave 是 Web 上用于交互式多媒体的 Macromedia 标准，可以在大多数常用浏览器中进行播放，实为流媒体格式的电影等音视频文件。由此可插入 avi、mpeg、mov、asf 等格式文件。对于 avi 格式，亦可先用向网页中插入图像的方法插入之，然后把 img 标记的"src"属性改为"dynsrc"。

利用"插入"→"媒体"→"插件"菜单操作，可实现利用 < embed > 标记插入视频。

为保证视频播放的流畅性，视频最好为流媒体格式（如 flv 格式）。可利用"插入"→"媒体"→"Flash 视频"操作实现。此操作还可以从中选择播放器的外观。

思考与练习

1. 浏览器支持的图片格式有哪几种？各有哪些特点？

2. 在网页中使用图片有何利弊？应注意哪些问题？

3. "替换文本"属性起什么作用？

4. 在设计窗口缩小图片会减少其下载时间吗？怎样才能使其减少？

5. 指定图像的"低解析度源"有何意义？

6. 在设计窗口进行图像的裁剪、调整亮度和对比度、锐化等操作会改变其字节数吗？

7. 在网页中什么时候需要使用图像占位符？

8. 什么是图像映射？在网上搜索某城市（如秦皇岛）地图，以其区县为单位，建立图像映射，链接到相应的数据文件。

9. 今有二个图像文件 tu1. jpg 和 tu2. jig，长宽尺寸相同。欲使网页显示 tu1. jpg，但是鼠标指针移入 tu1. jpg 时，却在源位置显示图片 tu2. jig，如何操作？请实现之。注意，如果二个图片尺寸不相同，最终结果在视觉上会有何不妥？

10. 何谓导航条？起什么作用？

11. 建立网站相册有何意义？它适于哪一类网站？

12. 试归纳创建网站相册的步骤。

13. 在网页中可以插入那些多媒体对象？

14. 何谓流媒体格式文件？举出几种常用格式。

15. 声音文件有哪些格式？如何在网页中添加背景音乐？

第七章

7　表格与布局

————— 本章重点提示 —————

◎ 表格的属性（百分比、填充、间距）；

◎ 表格对于布局和装饰网页的意义；

◎ 布局表格。

　　表格在网页中具有重要应用。但其意义和作用通常并不是显示表格线，而主要用于网页布局，它是网页布局的最基本的方法，也可用于网页元素的对齐、网页的装饰等。在 Dreamweaver 中，除了普通表格外，还专门提供了布局表格。

7-1　表格的插入及其属性

7.1.1　表格的插入

　　在网页中插入表格可通过以下几种途径：

1. 用"插入"菜单。

展开"插入"菜单，选择执行"表格"命令。

2. 单击"插入"面板（常用）上的按钮（左起第 4 个）。

3. 按下快捷键 Ctrl + Alt + T。

图 7-1　插入表格对话框

　　操作后系统显示图 7-1 对话框。图中，表格宽度可以像素数或百分比为单位，可从右侧的下拉菜单中选择。其中"百分比"是相对于用户的显示器窗口大小的。

　　边框粗细：表格线的宽度，设为"0"则在浏览器中不显示表格线。但在 Dreamweaver 编辑窗口会显示出蚂蚁线。此时的表格往往是用于布局或对齐。

　　单元格边距：在一个单元格内，数据距离上下左右单元格轮廓的间隙，默认：1 像素。

　　单元格间距：两单元格间的距离，默认值 2 像素。

　　页眉：四选一。它决定了表格最左一栏/最上一行输入的文字（表头）是否将以粗体显示。

　　标题：表格最上方要显示的文字，不计入行列总数，但它是表格的一部分。

摘要：关于表格的说明，浏览器不显示。用于修正或删除标签时系统自动发出警告，指出问题的行号和列号，以便更正。

根据需要在对话框设置相应内容，单击"确定"按钮。编辑窗口即出现表格（图7－2）。

图7－2 编辑窗口显示的表格

注意，表格的标题和表头（页眉）的效果。图7－3是显示"可视化助理"时表格在编辑窗口的显示样式。可视化助理用于显示锚点、表格、层等的标志，仅为便于编辑，在用浏览器浏览网页时不显示。

可视化助理的显示与隐藏可通过以下操作实现：展开"视图"菜单，选择执行"可视化助理"命令行，选取其下级子菜单"取消所有"或选择/取消表格宽度、表格边框选项。

7.1.2 表格的常规属性设置

选中表格，可见到其属性面板（图7－3）。表格 Id 输入框可以指定表格标识名。

图7－3 表格的属性面板

行、列数：输入数字后单击其他文本框可修改原始行列数。

宽、高：可为像素数或百分比。输入数字后单击其他文本框可修改原始设置。

对齐方式：菜单中有默认、左对齐、居中对齐、右对齐几种方式，可选一。指的是表格在页面中的位置；而不是单元格内数据相对于单元格的对齐方式。

背景颜色：默认无色，可在其右侧色版中选择或文本框中输入颜色值。

边框颜色：默认灰色。可在其右侧色版中选择或文本框中输入颜色值。

背景图像：可在文本框中输入或在浏览对话框中选择其路径、从属性面板"指向文件"按钮拖动到文件面板中的相应图像文件。

也可以为单元格指定背景图像。如果图像实际尺寸小于表格尺寸，背景将显示多个图像。

属性面板左下角（虚线框）还有几个特殊按钮。清除行高/列宽（带橡皮）：单击可清除单元格数据和边距之外多余的行高、列宽尺寸；单击绝对/相对尺寸的转换按钮可以改变表格在浏览器窗口显示尺寸的换算模式。

说明：表格单元格中可以嵌套表格。

7.1.3　表格的特殊属性设置（用 HTML 代码）

上述属性设置只能满足表格显示的一般要求——表格线要么完全显示，要么完全不显示。但有时候需要在网页中显示左右开口的表格、三线表等。属性面板就无能为力了，只能用 HTML 代码处理。这将用到表格标记（＜table＞）的几个特殊属性。

1. frame

用于说明表格的外边框在 IE 中如何显示。取值为"hsides"时，表示不显示左右边框；取值"vsides"时，表示不显示上下边框（图 7 -4）。但在 Dreamweaver 编辑窗口显示不变。

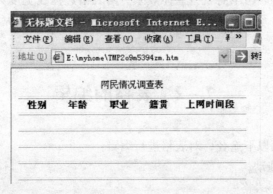

图 7 -4　frame = hsides 时的效果

2. rules

用于说明表格的内边框在 IE 中如何显示。值为"rows"时，表示只显示横线，值为"cols"时，表示只显示竖线。但在 Dreamweaver 编辑窗口显示不变。

当 frame 与 rules 属性联用时，如取值为"hsides" + "rows"时，表示只显示横线（图 7 -5）。取值为"vsides" + "cols"时，表示只显示竖线（图 7 -6）。

图 7 -5　frame = "hsides" rules = "rows" 效果

3. bordercolorlight

用于说明表格左上方颜色。在编辑窗口可见。

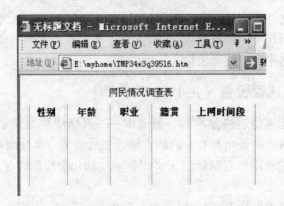

图 7 – 6　frame ＝ "vsides" rules ＝ "cols" 效果

4. bordercolordark

用于说明右下方颜色，在编辑窗口可见。

后两属性设置得当可以使表格有立体、透视感，一般可使表格的左（右）上角呈较亮的颜色而使其右（左）下角呈较暗的颜色（图 7 – 7）。

图 7 – 7　表格的立体效果

注意：默认设置的表格本身就有立体效果。当表格边框线宽度为"0"时，一切效果将不复存在。插入表格后系统自动作预格式化处理，表格内的文字大小一般不能在浏览器中改变。

7 – 2　表格的编辑

归纳起来，可采用以下途径，对表格进行编辑：

1. 用鼠标单击或拖动；
2. 用菜单：修改→表格……；
3. 用 Html 的表格标记 ＜ table ＞；
4. 利用可视化助理。

7.2.1　表格元素/单元格的选取

选整个表格：单击任意表格线。

选一行：将鼠标移至某一行的左侧，当指针变为右箭头时，单击，可选中该行的所有单元格。

选一列：将鼠标移至某一列的上侧，当指针变为下箭头时，单击。

选连续单元格：选中一个单元格后，Shift + 单击其他。

选不连续单元格：选中一个单元格后，Ctrl 键 + 单击。

注意：选中所有单元格不等于选中了整个表格。

7.2.2　表格的编辑

选中，利用快捷键/属性面板按钮/修改→表格菜单/可视化助理操作。

单元格的合并：单击或选中两个以上的连续单元格，属性面板变为图 7 - 8 式样。单击左下角第一个按钮，即可合并为一个单元格。

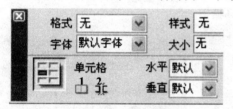

图 7 - 8　单元格属性编辑按钮

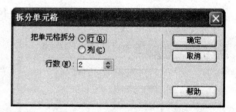

图 7 - 9　拆分单元格对话框

单元格的拆分：单击或选中一个单元格，单击左下角第 2 个按钮，即可出现图 7 - 9 对话框。设置目标行列数，单击"确定"按钮即可。

插入行/列：选中一行、列，展开修改菜单，选择"表格"命令，从中执行相应命令行。

插入列操作也可以通过单击表格某列下的黑三角，从可视化助理的菜单（图 7 - 11）中选择执行相应的命令行完成。利用"插入"面板（布局）工具编辑表格（插入行/列）更方便。图 7 - 13 中的相关按钮自右至左在右侧插入列、在左侧插入列、在下方插入行、在上方插入行。事先将光标定位到某单元格，据需要单击相应的按钮即可。

删除行或列：选中相应的行列数，按下 Delete 键。

增减行列宽度：拖动表格线，或选中行列后，在属性栏输入尺寸。

注意，在编辑表格行列尺寸时，不要首先盲目设置尺寸，应该先清除列宽和行高，等输入完数据后再设置总体外观，以免反复调整，降低工作效率。

7.2.3　表格数据的排序

表格刚刚建立时，原始数据可能是无序排列的，可通过 Dreamweaver 进行排序。先将插入点放入表格内某单元格，用展开"命令"菜单，选择"排序表格"命令，打开"排序表格"对话框（图 7 - 14），可选择排序项、按字母或数字大小排序、升序或降序等。注意，第一行作为表头，通常不参加排序。如果需要，可在"选项"一栏选中相应的复选框进行

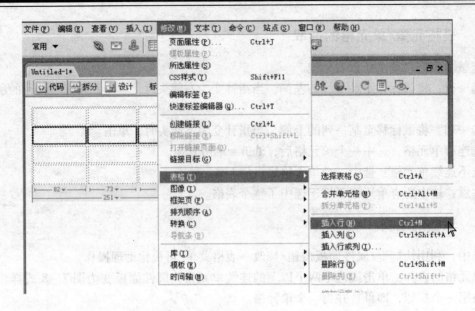

图 7 - 10　插入行、列菜单操作

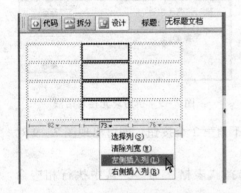

图 7 - 11　可视化助理的菜单

图 7 - 12　表格原始数据

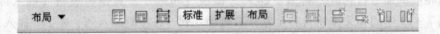

图 7 - 13　"插入"面板（布局）关于插入表格行列的按钮

设置。图 7 - 15 是按照图 7 - 14 的设置对图 7 - 12 表格数据排序后的结果。

7.2.4　表格的格式化（套用格式）

原始表格往往不够美观或满足不了展示统计数据的需要。可以套用系统提供的一些表格格式，使之更具表现力。先将插入点放入表格内某单元格，打开"命令"菜单，执行"格式化表格"命令，系统显示图 7 - 16 对话框。进行相应设置后，单击"确定"或"应用"按钮即可。注意：在 Dreamweaver8.0 中，有标题的表格不适于做格式化处理。

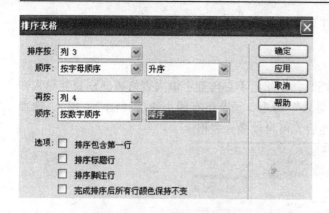

图 7-14 "排序表格"对话框

图 7-15 复合排序后的结果

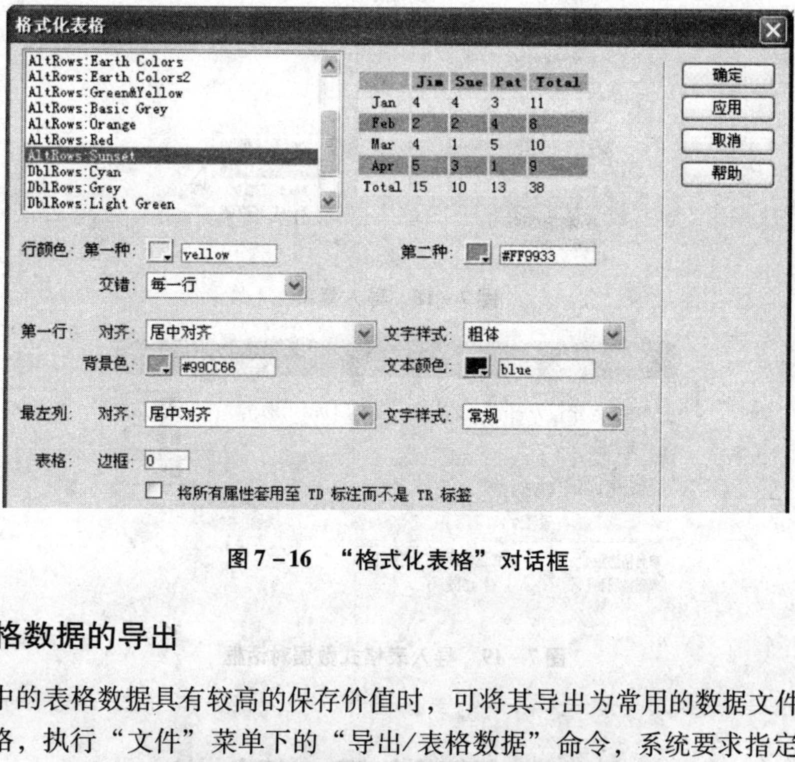

图 7-16 "格式化表格"对话框

7.2.5 表格数据的导出

当网页中的表格数据具有较高的保存价值时，可将其导出为常用的数据文件。

选中表格，执行"文件"菜单下的"导出/表格数据"命令，系统要求指定定界符和换

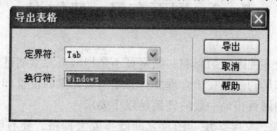

图 7-17 导出表格对话框

行符（图 7-17），单击"导出"按钮，系统出现"文件导出为"对话框，指定路径和文件名，单击"保存"按钮，系统自动将其保存为 csv 格式。可用 Excel、记事本或 Word 打开。

但当表格中有汉字时，用 Excel、Word 打开后有可能出现乱码。

7.2.6 表格数据的导入

当已经拥有表格原始数据的电子文档时，显然已不必再逐字输入表格数据，只要导入即可。定位插入点，执行"文件"菜单"导入"命令，子菜单有四个选项（图 7 – 18），选择后出现对话框（图 7 – 19）指定表格属性后，可自动插入表格。

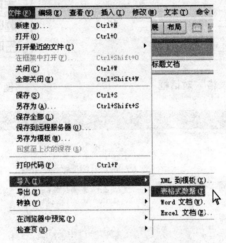

图 7 – 18　导入菜单

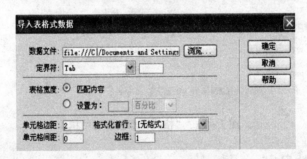

图 7 – 19　导入表格式数据对话框

7 – 3　网页布局一般知识

网页的浏览效果受多种因素的影响。做网页不是把网页元素胡乱堆放在页面上。而必须进行布局设计。网页布局的意义在于合理安排各个网页元素的位置和大小，对网页的整体视觉有重要影响。合理的网页布局一般应该满足以下要求：

● 疏密得当：标题、文字区块、图片之间既不要太拥挤，要有明显的间隔，也不宜太松散。页面四周要有适当留白。比例可达 30% 左右。

● 重点突出：重点文字和图片应首先安排在页面左上方。最右下方的往往是次要内容或广告、装饰等。标题要以不同于正文的字体、字号、颜色突出显示。

- 归类分区：将所有文字或图片等内容进行归类分为几个栏目。各栏目占一个区块。
- 整齐划一：尽量避免各区块犬牙交错，在同一个区块中有图片环绕时也要使图片靠区块的一角放置。
- 图文并用：既有图片又有文字。
- 动静结合：为了吸引用户注意，可以有一些动感效果。但一个页面一般不宜超过两个动感内容，以免分散用户的注意力。
- 版面对中：尽可能让页面的内容在显示器窗口左右居中显示。
- 美观大方：同一页面使用的字体、字号、颜色一般不超过三种。不宜使用过于怪异的字体、颜色搭配和动画内容。

视觉效果尽可能不受浏览器品种与版本、显示器尺寸与分辨率的影响。

7-4　表格在布局方面的应用

表格是最早期的、较易掌握的网页布局技术。通过表格可实现文字与图片的混排、对齐、文字的分栏等布局操作。

7.4.1　文字与图片的混排、对齐

前已述及，不采用一定的技术，要实现图片与多行文字的对齐或环绕是不可能的。在文字和图片并存时，要实现文字区域和图片的自由移位也是不可能的。利用表格可以达到相应目的。例如，在页面插入2行2列的表格（图7-20），边框粗细为0。左上角单元格插入图片，右上角单元格输入多行文字即可自动对齐。而图片或文字段落可以自由拖动到任何单元格（图7-21）。

图7-20　文字与图片的混排、对齐

图7-21　文字和图片在单元格间自由拖动

7.4.2 文字的分栏

只要相关单元格设置适宜的边距，将一大段文字分成两部分分别放入左右相邻的几个单元格中，即实现文字的分栏（图7－22、图7－23）。

图7－22　在编辑窗口利用表格分栏　　　　　　图7－23　在浏览器中的预览效果

7.4.3 区域背景色设置——修饰与强调作用

为了便于区分各部分内容，可以在各单元格填入相应的文字内容后，设置不同的背景颜色。使不同的色块象征不同的内容，尤其是各个内容的标题，可单独放入一个单元格中，单独设置背景和前景颜色。这样既有区分作用，又有修饰作用和强调作用。

注意，页面内容过于拥挤或松散都会影响视觉效果。留白一般在30%左右为宜。使用表格时由于没有清除多余的行或列，或设置的单元格边距或间距过大，可能导致页面留白过多而显得松散，影响了美观。

当页面文本或图片内容较少时，可用色块弥补空白。在版面的适宜位置有意设置几个空白的单元格，只以色块填充。既可以弥补版面的空白，还可以起到装饰、美化作用。一般适于在每个栏目的结束位置（右下角）设置。

7.4.4 表格布局的局限性

表格布局往往会大大增加HTML代码，特别是表格嵌套层次较多时。而且随着页面内容的增多，需要设置的栏目较多，有可能出现错落或交叉，单元格需要定量精确设计时，利用表格实现极其困难。所以在页面栏目区块较少时，才便于使用人工表格布局。

7－5　布局表格

布局表格是Dreamweaver提供的一种快速实现表格式布局的工作模式。在该模式下，可以自由灵活地安排每个单元格的位置和纵横尺寸，为实现随心所欲的布局提供了极大便利。

进入布局编辑模式可以通过"插入"面板（布局视图）单击"布局"按钮（图7-24）。

图7-24

系统出现如图7-25所示对话框，注意这里的提示信息。单击确定后，编辑窗口变为图7-26式样。

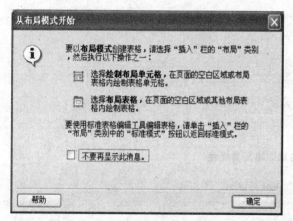

图7-25　布局模式开始对话框

图7-26　布局模式编辑窗口

表明现在已经进入布局视图编辑模式（此前为标准视图编辑模式），但随时可以单击窗口上方的"退出"二字或图7-24中的"标准"按钮退回标准视图编辑模式。

在布局视图编辑模式，应先绘制布局表格，后绘制布局单元格。

布局表格用于控制整个页面在浏览器窗口的位置和纵横尺寸。在插入面板按下布局表格按钮（图7-24布局按钮右侧第一个），在编辑窗口拖动鼠标，直到理想的尺寸松开。注意属性面板的变化（图7-27）。此时，拖动布局表格的右侧、右下角控制点或在属性面板进行设置，可以改变其大小等属性。

布局单元格用于控制各版块内容的位置和纵横尺寸。在插入面板按下布局单元格按钮（图7-24布局按钮右侧第二个），在布局表格内拖动鼠标，直到理想的尺寸松开。单击单元格边框线，注意属性面板的变化（图7-28）。

此时，拖动布局单元格的右侧、右下角控制点或在属性面板进行设置，可以改变其大小等属性。当按下光标移动键时，可以微调单元格的位置。注意：绘制第二个单元格时，如果鼠标指针距离第一个单元格的边框线很近，会自动吸附过去，为防止吸附，可在按下鼠标的同时按下 Alt 键，或先行绘制后，再用光标移动键移动。

布局单元的位置和大小必须根据网页内容的多少和重要性来设计，在布局单元格内可以输入文字或插入图片。

布局表格的显示模式（背景色、边框颜色等）可以通过设置布局模式参数修改。

切换到标准模式，可以看出布局表格实质上就是表格（图7-29）。但显然在布局模式下更便于进行布局设计。布局视图下的操作实质上是表格操作的简化（边距、间距、边框为0的表格和单元格，无需拆分合并），实现了布局的随意性。

图 7 – 27　布局表格及其属性

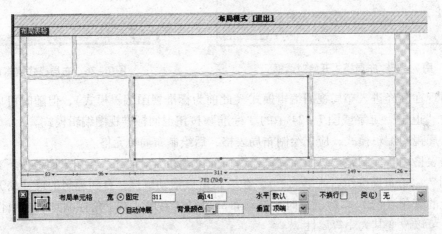

图 7 – 28　布局单元格及其属性

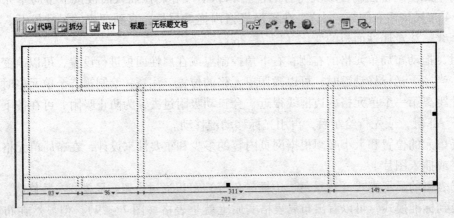

图 7 – 29　将布局模式切换到标准模式

📁 思考与练习

1. 单元格间距和单元格边距各指什么?
2. 表格的页眉和标题起什么作用?
3. 在网页中插入 5 行 5 列的表格,形式和内容如图 7 - 4 和图 7 - 7。
4. 在上表下方增加两行,在右侧增加一列"其他说明"。
5. 在上表中输入以下数据,并按年龄排序。

姓名	年龄	职业	籍贯	上网时段	其他说明
马麻	34	工人	河北	8:00	
刘柳	26	教师	湖南	5:00	
王旺	45	商人	北京	7:30	
达达	52	学者	海南	9:00	
经警	21	体育	山东	13:00	
柯克	19	公务员	辽宁	10:20	

6. 将上题排序后的表格数据保存为一个文件。
7. 通过上网找出几个使用表格进行布局的网页实例,分析其不足。
8. 请举出你认为比较好的页面布局的实例,请叙述其布局特点。
9. 为什么图 7 - 23 的显示效果和图 7 - 22 设计有差异?
10. 利用表格进行布局有哪些局限性?
11. 布局表格的实质是什么?

第八章

8 框架

───────── **本章重点提示** ─────────

◎ 框架的意义；

◎ 框架与框架集属性的设置及其关系；

◎ 框架的增加与删除；

◎ 目标框架。

8-1 框架的意义与局限性

框架也是网页布局的一种技术。一个框架就是窗口的一个细分区域,可显示一个网页或超链接目标文件。使用框架可以使屏幕窗口按预定设置同时显示若干页面内容,尤其是可以指定超链接对象的目标显示位置。这样,有的框架网页就可以用于导航,始终显示在窗口的某一区域,而被链接对象位于主框架,内容是可变的。使用了框架布局的标志往往是窗口的某一区域屏幕可以滚动,有自己独立的滚动条。甚至还可以通过拖动鼠标,改变某些区域的大小。

但由于每一框架区域只是屏幕窗口的一小部分,框架布局也有其局限性:

1. 由于在浏览器窗口需要打开的网页太多,编辑不当时,极大地增加了在窗口某一部位出现"此网页不能显示"的信息的可能性,影响了网站在用户心目中的形象。

2. 各网页的视野减小。当框架网页内容较多时,不便于完整显示页面内容,拖动滚动条给用户带来不便。

3. 对于小尺寸、低分辨率的显示器,效果尤其差。

4. 低版本浏览器不支持框架布局技术。

因此,在实际设计中,采用框架布局的实例不多。一般仅用于主页布局,而且以 2~3 个框架为宜。一般适用于较小的网站。但随着客户端显示器尺寸的日益加大和分辨率的提高,框架布局的意义不可忽视。

8-2 在网页中插入框架

8.2.1 在网页中插入框架

在网页中插入框架有以下几种方法:

1. 用"插入"面板(布局)

单击"插入"面板(布局)框架按钮(右二),系统将展开框架模式菜单(图 8-1),从中选一(如左侧框架),系统出现框架标签辅助功能属性对话框(图 8-2),用于为每一框架指定一个标题。框架标题可用于改进辅助功能(优化工作区等),与首选参数设置有关。初学者可以采用默认设置,直接单击"确定"按钮,窗口即可插入框架。

2. 用"插入"菜单

展开"插入"菜单,选择"HTML/框架"子菜单,系统显示 13 种框架布局模式(图 8-3),虽翻译文字不同,但实际上与图 8-1 的 13 种模式完全相同且自上而下一一对应。从中选择一种框架构成模式,同样出现图 8-2 对话框。

3. 用"修改"菜单

展开"修改"菜单,在"框架页"子菜单选项"拆分左框架/拆分右框架/拆分上框架/拆分下框架"中选一项执行。

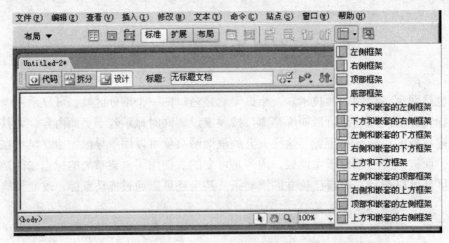

图 8-1 插入面板（布局）中的框架按钮及 13 种框架布局模式

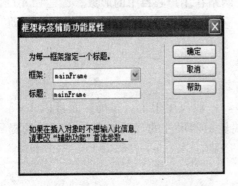

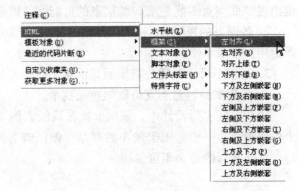

图 8-2 框架标签辅助功能属性对话框　　图 8-3 "插入/HTML/框架"菜单（部分）

　　页面拆分框架后，编辑窗口将出现各个框架的分界线。选中的当前框架四周还显示蚂蚁线（图 8-4）。

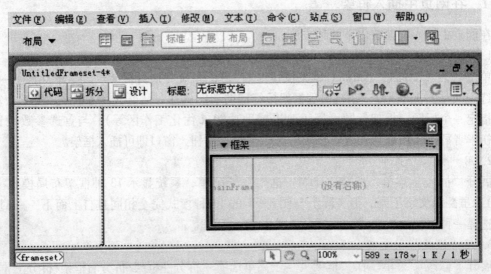

图 8-4 有框架后的编辑窗口及框架面板

8.2.2　框架网页的保存

每个框架网页可以按需要添加相应的内容（图8-5）。预览框架集时，系统显示对话框要求逐一保存。确定后，系统将显示"另存为"对话框，并在相应框架轮廓四周显示阴影线。按照总框架集、主框架等顺序逐一命名并保存网页方可最终预览。

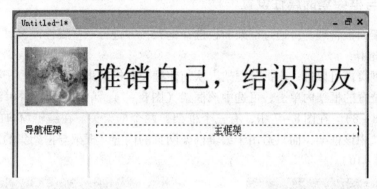

图8-5　框架在编辑窗口的显示情况

注意，一旦使用框架，至少生成三个网页：一个框架集网页，用于描述相关内容网页的分布情况；两个以上的普通网页，用于保存具体内容。

通过文件菜单的"保存框架"命令（图8-6），可以保存当前选定的框架页；通过"保存全部"命令可以保存框架集中所有网页。"框架另存为"命令可以修改框架页的存储路径。

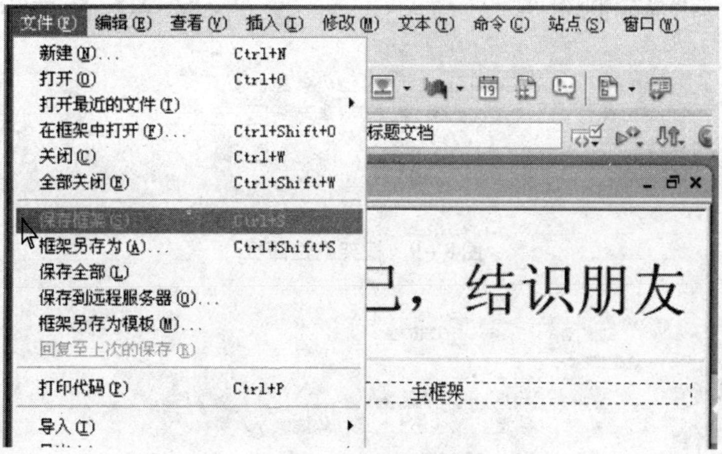

图8-6　保存框架网页的相关菜单

保存框架网页后，选中框架，其属性面板中的"源文件"就是文件所在路径。

8-3 框架的管理

8.3.1 框架与框架集的属性设置

框架由框架面板管理。可通过框架面板选择框架，并进行一些属性设置。

1. 框架的选择

一个框架网页内可以进一步拆分框架。从而使框架有框架集、父框架、子框架之分。在框架面板相应位置的框架内单击，可选中该框架（图8-7）。单击四周的外框线，可选择一个框架集（图8-8）。在图8-7中，有三个框架，两个框架集。在编辑窗口的某一框架区域单击并不能选中该框架，而只适用于编辑框架网页的内容。框架与框架集的属性面板不同（图8-9、图8-10）。

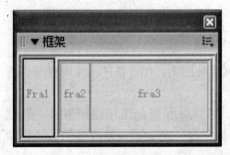

图8-7 选择最左侧框架

图8-8 选中框架集

图8-9 框架属性面板

图8-10 框架集属性面板

2. 框架的命名

使用框架后系统会自动为各个框架命名，这在框架面板可以看到。默认的名称一般与框架在页面的位置有关，如 leftframe 为左侧框架。有时候与它所起的作用或重要性有关，如 mainframe 即为主框架。

对于框架，选中后，在属性面板"框架名称"文本框输入即可。对于框架集，不能通过属性面板改名。框架命名时应做到见名知意。

注意，系统有几个特定的框架名称（＿top、＿blank、＿parent、＿self），有特定的含义，不要与之重名。

3. 是否显示滚动条

"滚动"属性用于控制本框架内的网页在浏览器中显示时，是否显示滚动条。有"默认"、"是"、"否"、"自动"四个选项。由于版面内容在用户端显示的实际大小与其显示器的尺寸和分辨率密切相关，为便于用户浏览，一般选"自动"——当框架内的内容超过框架尺寸时，自动显示滚动条，否则不显示。

4. 边框颜色

可通过调色板选择或在文本框输入颜色值设置。设置后在编辑窗口可见。但又与其上方"边框"一项设置有关。"边框"一项的含义是是否显示边框线，选项有"是"、"否"、"默认"，"默认"往往等价于"是"。

5. 是否可调整大小

"不能调整大小"复选框用于控制用户在浏览器窗口是否可以通过鼠标拖动框架边框线调整框架的大小。默认处于不选中状态，即用户可以实现相应控制。但请注意：

- 浏览器窗口的最外围边界始终可调，与此设置无关。
- 此选项只能对框架（非框架集）设置；
- 只有相邻的两个框架都可调整方生效。也就是说，当一个框架的边界固定后，其相邻框架的同一个边界即固定，无论该属性如何设置。

6. 框架的边界高度、宽度

指本框架页面的边界尺寸，均为像素数。边界宽度指上边界，边界高度指左边界。

7. 框架集的边框宽度

用于控制本框架集内所有框架边界线的宽度。无论是否显示均生效。

8. 框架尺寸的编辑

在 Dreamweaver 编辑窗口，用鼠标拖动框架边界线，可以定性改变相邻两个框架的相对大小，选中框架集后，也可以在属性面板设置其绝对尺寸数据。"行"值用于指定框架的高度，"列"值用于指定框架的宽度。

8.3.2　框架与框架集属性设置的相互影响

有些属性是框架集和框架共有的，如边框线的颜色及其是否显示等。设置属性时，要注意两者的相互影响。以下说明供参考：

- 最好框架彼此属性都与框架集设置一致。
- 如果同一属性对框架集和框架均未做设置，结果取决于系统的默认设置；
- 如果框架集做了设置而框架没有设置，框架自动继承框架集的设置。
- 边框颜色取决于内部框架的颜色设置，但其宽度取决于框架集的设置。

8.3.3　框架数量的调整

增加框架数目是通过拆分实现的。有以下几种途径：

1. 单击某框架页面，展开"修改"菜单，选择"框架集"命令行……

2. 单击某框架页面，单击插入面板的"插入框架"按钮。

3. 选中一框架，用鼠标拖动其边框线。

该方法只是用于页面已经具有了框架——做过一次拆分之后。拖动其上下边框线可将其拆分为上下两个框架，拖动其左右边框线可将其拆分为左右两个框架。

当拆分框架较多，结构较复杂时，系统不能自动为各框架自动命名和添加标题。

即使新增加的框架也不能通过"撤销"操作取消，减少框架可以通过以下途径之一实现：

1. 用鼠标拖动框架边框线到编辑窗口最边缘时，即减少一个框架页。

2. 删除框架的 HTML 源代码。

当编辑窗口被拆分成几个框架之后，其总框架集网页的 HTML 代码中就加入了几个 < frameset > 和 < frame > 标记。先将编辑窗口切换到代码视图，而后在框架面板内选取要删除的框架，此时在代码视图窗口可以看到被选中的相应代码（图 8 – 11），按下删除键"de-lete"即可。

图 8 – 11   框架拆分情况及其代码

在 HTML 代码中，< frameset > 是框架集的标记，而 < frame > 是框架标记，二者都有开始和结束的说明标志。由于一个框架集中包含若干框架，所以，一个 < frameset > 标记中必然嵌套若干 < frame > 标记。只要明确了需要删除的框架的名称（name = 'xxx'），也可以不必借助框架面板而直接在代码视图选中相应代码段删除框架。

当删除到编辑窗口仅余一个框架网页时，该框架已经没有实际意义。但编辑窗口仍显示一个较粗的边框轮廓线（图 8 – 12a）。展开"查看"菜单，选"可视化助理"的"框架边框"（取消其前面的"√"），可以取消框架边框的显示（图 8 – 12b）。也可在代码中删除 frameset 标记的全部相关内容。

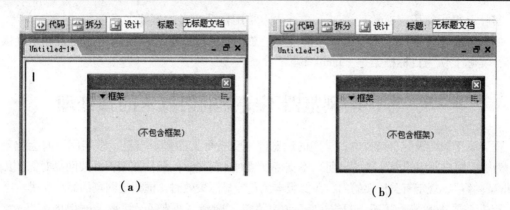

（a）　　　　　　　　　　　　　　（b）

图 8 – 12　仅剩一个框架时取消其外框线

8 – 4　目标框架

框架不仅可以实现布局，将多个网页同时显示在同一个浏览器窗口，更重要的是，它还可以指定链接对象的显示位置。这需要在建立超链接时指定目标框架。选中超链接文本（图 8 – 13，如"我的爱好"），建立超链接（如 aihao. htm），而后在属性面板的"目标"一项选择目标框架的名称。图中右下角为主框架，其名称为 mainframe，设计者的意图是让用户在单击"我的爱好"时，在主框架显示网页 aihao. htm 的信息。

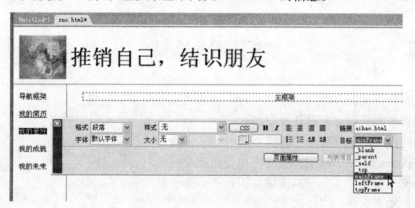

图 8 – 13　超链接与目标框架

目标框架的设置总是和超链接联系在一起的。除了自己建立和命名的框架外，目标框架下拉菜单中还有几个系统保留的框架名可供选择。它们分别具有特定的含义：

_ blank：新浏览器窗口。

_ parent：所在框架的父框架集或父窗口中。如果包含链接的框架不是嵌套的，则加载到整个浏览器窗口中。

_ self：本框架或窗口。这是默认设置，通常不需指定。

_ top：指整个浏览器窗口中，实现链接后将清除所有框架。

实际上很少使用_ parent、_ top、_ self。常用自己定义的框架名。

如果网页不含框架、不指定目标框架时，总是在一个新的浏览器窗口显示目标超链接的内容，实际上认为目标框架是_ blank。

8-5　客户端浏览器不支持框架技术的预处理

框架属于较高级的布局技术，早期的浏览器不支持框架布局。当显示框架网页时会出现异常。为解决用户使用的浏览器（早期）不支持框架时如何显示问题。在编辑框架网页时需要编辑"无框架内容"，规定有关框架的内容在低版本浏览器显示失效时，框架集网页的显示模式。

首先需要进入编辑状态。打开"修改"菜单，选择"框架页/编辑无框架内容"命令，即进入编辑状态，可像编辑普通网页一样输入文字和图片。注意，当浏览器不支持框架时，一个浏览器窗口只能显示一个网页。无论原来选中了哪个框架，也不管原来正在编辑哪个框架网页，只能编辑总框架集网页的内容。所以一般要把各个框架页的内容进行汇总和简化后合成一个网页作为显示内容。

编辑"无框架内容"的操作的结果，是向框架集网页的代码中的 < noframes > 标记添加了内容。

要退出"无框架内容"的编辑状态，只要再次执行"修改→框架页→编辑无框架内容（取消菜单项前面的√）"即可。

实际上，IE5.0 以上浏览器都支持框架。随着用户软件系统的不断升级，该操作对用户的影响越来越小。

思考与练习

1. 框架有何意义？有哪些局限性？什么情形适宜使用框架布局？
2. 在网页中拆分框架有哪几种途径？
3. 常用的框架布局有哪几种模式？
4. 假如拆分出了三个框架，最终将保存出几个网页？
5. 单击编辑窗口的一个框架区域是否就选中了该框架？
6. 在为框架命名时应注意哪些问题？
7. 框架属性面板中，"滚动"、"边框"各起什么作用？一般应如何设置？
8. 框架和框架集的 HTML 标记各是什么？
9. 假定有左右两个框架，要想让用户可以自由调整各个框架的大小，如何设置？
10. 假定在框架集中设置边框颜色为绿色，边框粗细为 6 个像素，而在其中一个框架中设置边框颜色为红色，边框大小为 2 个像素，最终边框将呈什么颜色，几个像素？
11. 系统定义的目标框架有哪些？各起什么作用？
12. 像图 8-13 一样布局，单击左框架中的文字，在主框架中即可显示相应信息。试上机操作实现之。
13. 编辑无框架内容有何意义？

第九章

9 层

本章重点提示

◎ 层的意义；

◎ 层的属性设置，尤其是 Z 轴、可见性和溢出属性；

◎ 层的编辑——选择层与多层的排列对齐、同宽同高；

◎ 利用层制作特殊效果。

普通布局的局限性在于不能实现网页元素的移动和重叠，更重要的不支持一些特殊的行为和动画效果。层是一种网页高级布局技术，其意义恰恰在于实现网页元素的移动、定位、重叠显示，支持人机交互，生成动画、动态效果等，而且往往是 CSS 的重要载体。掌握层的操作编辑技术对于美化网页，提高其表现力和感染力，具有重要意义。

9－1　在网页中添加层

可以通过以下途径之一在网页中添加层：

1. 利用"插入"菜单

展开"插入"菜单，选择"插入布局对象"/"层"，可直接在页面左上角插入一个层默认宽 200px、高 115px。可通过首选参数修改默认设置。

2. 利用"插入"面板按钮

单击"插入"面板（布局）中的"绘制层"按钮（左三），在页面拖动鼠标，即可得到一个层，其位置取决于拖动的开始位置，其尺寸直接与拖动幅度有关。

如熟悉样式操作，已经定义类和 ID，可通过上述两个途径之一插入"DIV 标签"，二者等价。

关于层的 HTML 标记

当在文档中放置层时，系统将在代码中插入该层的 HTML 标记。您可以选择使用 div 标记或 span 标记。默认情况下，系统会使用 div 标记。若要更改默认标记，请参见设置层首选参数。

还可以使用另外两种标记来创建层：layer 和 ilayer。但是，只有 Netscape Navigator 4 支持这些标记；IE 不支持这些标记，而 Netscape 在较新的浏览器中也不再支持这些标记。系统可以识别 layer 和 ilayer 标记，但不使用这些标记来创建层。

div 和 span 标记之间的区别在于：不支持层的浏览器在 div 标记的前后放置额外的换行符；也就是说，div 标记是块级别的元素，而 span 标记则是内联元素。大多数情况下，在不支持层的浏览器中，最好让层内容出现在自己的段落中，因此大多数情况下最好使用 div 而不是 span。

若要进一步提高在较早浏览器中的可读性，应注意放置层代码的位置。定义层的代码可以位于 HTML 文件正文中的任意位置。当您在系统中绘制一个层时，该层会显示在您绘制它的位置，但系统将在页开头且紧接在 body 标记之后插入该层的代码。如果您使用的是"插入层"命令而不是绘制层，层代码将在插入点处插入。如果您创建一个嵌套层，系统 会在定义父层的标记内插入代码。

无论使用哪一种标记，4.0 版之前的 IE 和 Netscape Navigator4.0 都将显示层的内容但不定位层。层的内容出现在该页上的层代码所在的那一点；例如，如果层的代码位于页的开头，那么在不支持层的浏览器中，层的内容将出现在页的开头。

首选参数的修改：在"分类"一栏的选择"层"，在其右侧的对话框选中"NETscape4 的兼容性"后的复选框，可自动加入 javascript 脚本，确保其不随窗口大小改变而移动。

先绘制的层在下，后绘制的在上。层中的内容可以是文字、表格、图片等。图 9－1 左上角小女孩、其右下方的文字分别用两种方法插入的层。

图9-1　层及其属性

3. 层面板的打开

层是用层面板管理的。按下 F2 快捷键或展开"窗口"菜单，选择"层"命令可打开层面板。如图9-1的右上角。

在一个层轮廓内按住 Alt 键绘制一个新层，即可形成两个层的嵌套关系。先绘制的那个层叫父层，后嵌入的那一层叫子层。图9-2中，layer3是layer1的子层。子层一般继承父层的属性，为属性设置带来了方便。

将子层拖出父层轮廓边界后两者仍然具有嵌套关系。在层面板中用鼠标选中一子层（layer4），按下鼠标向父层（layer3）拖动，可取消父子关系，形成同一级的层。一个父层可拥有多个子层（图9-3）。

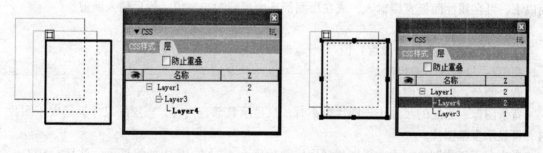

图9-2　层的嵌套　　　　　　图9-3　嵌套的消除与一个父层拥有多个子层

9-2　层的属性设置

选中一个层后，在属性面板（图9-1下部）可设置其属性。有时候需要和属性面板配合操作。包括以下设置：

防止重叠：在层面板设置，选中复选框，可自动防止新建层与已有层重叠。

可见性（眼睛）：有显示、隐藏、默认等三种。刚刚绘制层时为默认状态。在眼睛图标一栏单击相应层的可改变该层眼睛图标的形状，控制该层的显示与隐藏。图9－4有三个层，在编辑窗口隐藏了一层，只显示了两层。但只要在层面板选中隐藏层，编辑窗口即可显示之。

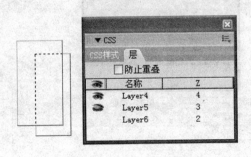

图9－4　层的三种可见性属性

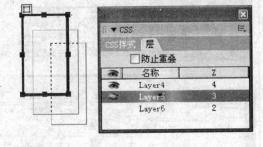

图9－5　选中隐藏层可在编辑窗口显示

在属性面板设置可见性与在层面板设置等价。选中层后，在"可见性"下拉菜单中选择相应属性值（图9－6）即可。Visivle：可见；hidden：隐藏；heherit：继承：继承父层的可见性属性设置。Default：默认，一般等同于继承。

图9－6　层的可见性属性值选项

Z轴：控制层的上下关系，值大者在上。可为正值、负值或0。如为负值则会显示在页面以下。可在属性面板直接输入，或在层面板选中层后单击z值一栏后输入新值。

层的属性设置

左/上：左上角坐标（像素）值。

高/宽：层的纵、横尺寸。

背景颜色：默认透明色。

背景图像：当层的尺寸小于图片大小时，只显示其部分内容，当层的尺寸远远大于图片时，可显示多幅图片。

溢出：用于控制当层中前景图片超出层的轮廓大小时在IE中如何显示。注意，在Dreamweaver编辑窗口层的外观尺寸始终不小于内容尺寸。但不影响在浏览器中的视觉效果。下拉菜单中取值有四个选项，意义分别为：

Visible：溢出的部分仍要完全显示，编辑窗口和浏览器窗口相同。

Hidden：溢出的部分不显示。编辑窗口和浏览器窗口相同。

Scroll：在浏览器窗口显示滚动条，以便于用户浏览溢出部分。在编辑窗口只隐藏溢出部分，不显示滚动条。（图9－7、图9－8）

Auto：自动，如有溢出则自动显示滚动条，否则完整显示。

图9-7　取值 visible 时图片显示原始尺寸　　　　图9-8　取值 scroll 时图片在浏览器显示滚动条

剪辑：用于在不减小层的尺寸时使前景（图片）只显示其中的一个小矩形区域（图9-9）。取值以层的左上角为坐标原点，以像素为单位，以右下方为正方向。只能为正值，而且必须右侧取值大于左，下侧取值大于上侧取值。

图9-9　剪辑后的效果

9-3　层的编辑

1. 激活层

只有激活层才能放入内容。单击层轮廓线内任意点可激活之，单击点即为光标插入点，可由此开始插入文字或图片。

2. 选择层

用鼠标左键单击一个层的可视化标志或其边线可选择该层。按住 Shift 键不放，单击若干层可选择多个层。注意最后选中者与其他层不同（图 9－11，输入"44444"的层）。

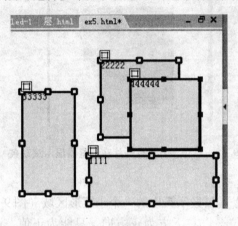

图 9－10　选中多层图

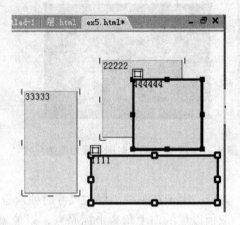

图 9－11　再次单击选中的层可退出选中状态

选择多层后，按住 Shift 键不放，再次单击选中的一些层，可使其退出选中状态（图 9－11）。同时按下 Ctrl 和 A 键可以选中所有的层（图 9－12）。

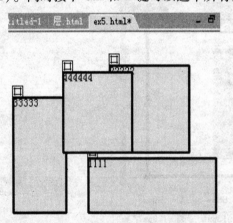

图 9－12　按下 Ctrl＋A 选中所有层

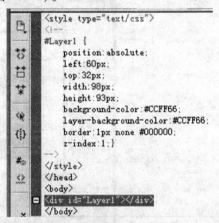

图 9－13　层的代码（style 标记和 div 标记）

3. 移动层

选中后用鼠标拖动，或用光标移动键移动，每次操作可移动 1 个像素的距离；移动并同时按下 Shift 键，可实现快速移动，每次操作可移动 10 个像素。

4. 改变层的叠放顺序

在层面板，后绘制的层总是显示在最上方。要改变层的叠放顺序，有以下途径：（1）在属性面板或层面板修改 Z 轴值；（2）在层面板用鼠标拖动到上方或下方的层。

5. 复制（拷贝）层

在 Dreamweaver8.0 中，每绘制一个层会自动生成层的样式说明代码，而且样式说明代码位于网页的头部（＜head＞标记内嵌入的＜style＞标记），已经不便于直接在设计视图窗口复制和粘贴层，只能利用代码视图实现。其原理是在设计视图选中目标层，切换到代码视图（可以看到只是选中了该层的 div 标记）（图 9－13），复制该行代码到下一行，注意修改它的层的序号（id 属性值中的 layer 后的数字），再把原层的样式说明代码也进行复制、粘贴，并修改其样式名，与新的 div 标记 id 属性值相同，即可。注意：复制后得到的层与原来的层完全重叠，回到设计视图窗口，移动后方可看到结果。

6. 删除层

选中后，按 Delete 键即可。在设计窗口删除层，常常不能完全删除其相关 HTML 代码。

7. 多个层的对齐

多个层的对齐一般用于多块版面内容（文字区域、图片等）的整齐排列。操作方法是：首先选择多个层，展开"修改"菜单，按照需要选择"排列顺序"命令行的子菜单选项（左对齐、右对齐、对齐上边缘、对齐下边缘）选一（图 9－14），执行即可。

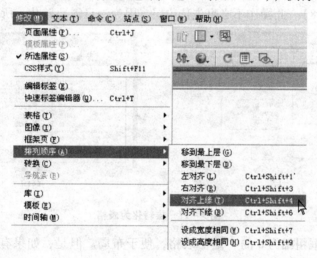

图 9－14 层的排列顺序菜单

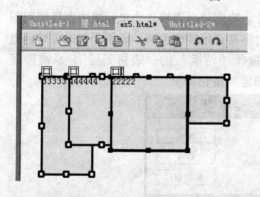

图 9－15 多层对齐上边缘的结果

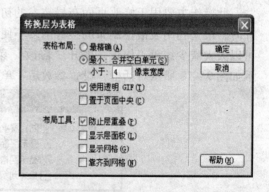

图 9－16 层转变为表格对话框

图 9－15 是图 9－12 多层对齐上边缘的结果。注意，多层对齐时总是以最后选中的那一层为基准。此操作一般可用于多层有规律的层叠放置。

8. 使多层具有相同高度/宽度

选中多个层，展开"修改"菜单，选择"排列顺序"命令行的"设置高（宽）度相同"。此操作一般可用于多层尺寸的统一规划，故一般需对高度和宽度分别处理一次。

9. 将层吸附到网格

设置将层吸附到网格的意图在于绘制层时在较小距离可使之自动吸附到网格线上。利用"查看"菜单实现。必须先使网格线显示出来。而后展开"查看"菜单，选择"网格"命令的"靠齐网格"后，在页面绘制层即可生效——当鼠标拖动点的结束位置距离网格线小于4个像素时，会自动将层的某一个边线自动吸附到网格线上。

10. 层转化为表格

此操作的意图在于防止早期的一些浏览器不支持层。目前意义不大。操作方法是，在插入多个层后，先保存网页文档，展开"修改"菜单，选择"转换"的"层到表格"，系统即显示图9-16所示对话框，按照需要设置选项后，单击"确定"按钮，即可实现转换（图9-17、图9-18）。此操作不必事先选中层，因为一旦需要转化，所有层都必须转化。

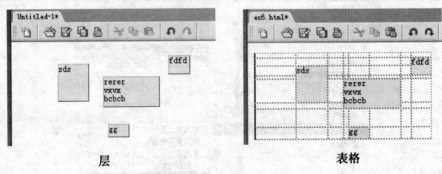

图9-17 层转化为表格

转化后成为边框粗细为0的"虚"表格，便于布局。但是，如果有重叠的层，不能正常转换，系统将有错误提示。

11. 表格转化为层

此操作主要用于修改页面布局技术的初始设计。特别是当表格各个单元格中大量使用图片时，最初利用表格控制布局会有诸多不便，此时将其直接转变为层，既便于精确布局，也可以大大减少编辑工作量。展开"修改"菜单，选择"转换"的"表格到层"，系统即显示如图9-18所示对话框，设置参数后，单击"确定"按钮即可。

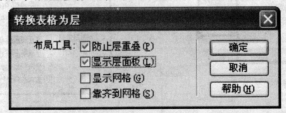

图9-18 表格转化为层对话框

此操作不必事先选中表格，所有表格都转换，原表格的每个单元格将转化为一层。

9-4　层的应用实例

层不仅是一种重要的布局技术，而且对实现网页特效、互动，增强其艺术感染力具有重要意义。本节介绍几个典型应用。

9.4.1　制作立体字

利用层操作制作网页立体字的价值在于不使用图片，不必动用图像处理软件，甚至不使用 CSS 等复杂技术，可充分减少网站开发者的劳动；而且网页字节数极少，网页打开速度快。其原理是使多个层的文字内容和属性相同，只是位置有少量偏移。步骤：

1. 绘制下层，不要设置背景色，输入文字，设置属性（使用较粗重的字体和较深颜色）；

2. 绘制上层，将前一层中的文字复制后粘贴过来，并改为较浅的颜色；

3. 两层都选中，利用上一节"修改→排列顺序"菜单操作使其具有相同高度和宽度；

4. 选中两个层，利用"修改→排列顺序"操作，使之左、下对齐；

5. 选中上层，用光标移动键向左、上方小幅度移动（各 2 个像素）。

图 9-19、图 9-20 是"立体字"三个字的设计效果。

图 9-19　在编辑窗口的两个层　　　　　图 9-20　在浏览器中的预览效果

9.4.2　制作当鼠标移上图片（或文字）时，显示层内容，移走时隐藏的效果

此效果的意义在于：用层中内容作为主题的有效补充，不仅充分实现互动、增加信息量，而且能够弥补版面空间的不足。以鼠标移上图片为例，操作步骤如下：

1. 在网页中插入基础图片，例如插入王选 1. jpg；

2. 插入层并添加内容。这里插入 layer1，输入图片的说明性文字（图 9-21）。

在属性面板将层（layer1）的"可见性"属性值设为"hidden"；

3. 选中图片，为其添加行为。

打开行为面板，单击"＋"按钮，选"显示—隐藏层"（图 9-22），系统显示对话框（图 9-23）。

4. 在对话框中单击要显示的层（layer1），单击"显示"按钮，再单击"确定"按钮；行为面板的变化如图 9-24。默认事件为"onclick"，表示在单击图片时，系统将显示原来隐藏的 layer1 层。

图 9-21 在网页中插入图片和层

图 9-22 选中图片，添加行为"显示—隐藏层"

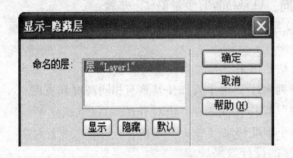

图 9-23 "显示—隐藏层"对话框

图 9-24 对图片新添加的行为

5. 把行为面板中的事件改为"onmouseover"，达到移上鼠标时显示之目的。（图 9-25）。

图 9-25 鼠标事件改为"onmouseover"

如找不到"onmouseover"，可先以"onload"等代替，而后修改代码。

此时只是实现了鼠标移入图片时显示说明文字之目的。但当鼠标移出图片时，其说明文字尚不能自行消失。故需为之再次添加一个"显示—隐藏层"的行为。

6. 再次单击"＋"按钮→显示—隐藏层→选择要隐藏的层（layer1），类似图 9-23，单击"隐藏"后"确定"。

7. 把行为面板中上一行的事件"onClick"改为"OnMouseOut"（图 9-26），以便实现移出鼠标时隐藏层。

图 9 – 26　第二个行为事件改为"OnMouseOut"

　　此时，可以预览网页。但如果使用 Windows XP 操作系统，预览网页时可能出现"为保护你的计算机安全，IE 已经限制此文件显示可能……"信息。利用 IE 的"工具"菜单的"Internet 选项"菜单的"高级"选项卡（图 9 – 27），将"允许活动内容在我的计算机上的文件中运行"一项选中，确定后刷新即可跳过该信息的显示。预览效果如图 9 – 28、图 9 – 29。这里涉及的为网页对象添加行为的操作是层的重要应用之一。详细内容将在后续章节展开。

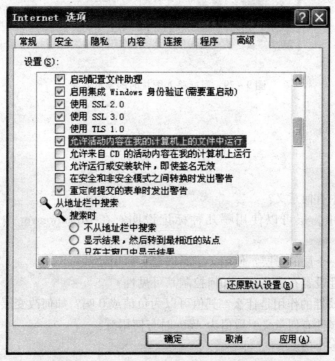

图 9 – 27　在 Internet 选项的高级选项卡做相应设置

图 9 – 28 网页打开（鼠标移出图片）时的预览效果

图 9 – 29   鼠标移入图片时的预览效果

思考与练习

1. 层在网页中有何意义？

2. 在 HTML 中，层可以使用哪几种标记说明？在 Dreamweaver 中，默认使用什么标记？

3. 如何绘制一个层的子层？使用父子层嵌套有何用处？

4. 层的可见性设置有哪几种？如何控制其可见性？

5. 层的 Z 轴属性的作用是什么？其值可以为负值或 0 吗？如何改变层的叠放顺序？

6. 层的溢出属性有何意义？取值为 Auto 时有何用意？

7. 如何选中多个层？

8. 如何快速定量移动层？

9. 为什么有时候层和表格需要相互转化？

10. 欲使 120 镑黑体字"大理石"呈现立体效果，试通过两个层实现之。

11. 模仿教材实例二，制作当鼠标移上图片（或文字）时，显示层内容，移走时隐藏层的效果。

12. 通过显示—隐藏层的设置，可以实现多级菜单的显示效果吗？如图 9 – 30，最初网页只显示风景画那一级菜单，当鼠标移入"风景画"时，可显示"中国现代山水"二级菜单，再移入文字"中国古典山水"时，显示"唐伯虎"那一级菜单，单击"唐伯虎"即可显示他的画作（可用一幅图片代替），试实现之。

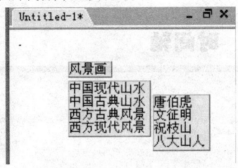

图 9 – 30 多级菜单的内容

第十章

10 时间轴

本章重点提示

◎ 时间轴的意义；

◎ 有关概念、术语——关键帧、通道、时间轴；

◎ 时间轴动画的制作——移动动画、缩放动画、显隐动画；

◎ 时间轴的编辑。

10 –1 时间轴的有关知识

10.1.1 时间轴的意义

Dreamweaver 中的时间轴是制作网页动画的重要机制之一。有了它，可不调用专门的动画设计软件，而只需绘制一些层，通过改变层的位置、大小、可见性、叠放顺序等，可制作移动动画、缩放动画、显隐动画等。相对而言，利用 Dreamweaver 的时间轴制作的动画一般较为简单，欲得到丰富多彩的动画效果，还需调用动画处理软件，如 Flash 等。

10.1.2 时间轴面板及有关概念

展开"窗口"菜单，选择"时间轴"命令行，或者同时按下 Alt 和 F9 键，可以显示时间轴面板（图 10 –1）。

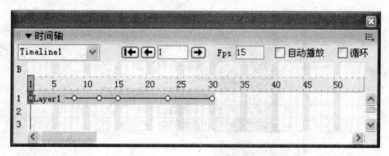

图 10 –1 时间轴面板

用好时间轴，需要明确一些术语，通晓面板一些设施的意义。

帧：面板数字刻度尺的下方，每一个小矩形为一帧，用于保存动画中的一个瞬间画面，可以人工或由系统自动产生。刻度尺上自左向右标出了各帧的序号。

关键帧：对动画效果起关键作用的帧，可以人工或自动产生，但一般需要人工设置属性。在时间轴上，关键帧和普通帧明显不同。图中第 1、第 8、第 15、第 23、第 30 帧为关键帧，其他为普通帧。

通道：用于控制动画中某一时间段独立动作的一个或多个对象。图中标有 1、2、3 的每一行为一个通道。

行为通道：控制通道的播放行为，如重复、循环播放等。图中标有字母 B 的通道即行为通道。

时间轴：由若干个通道组成的动画可以作为一个动画片段命名，既便于组合、使用，也可以在相应的下拉列表框展示，从而简化、节省面板的尺寸、结构。

播放进程控制：有前进、后退、退回起点等按钮。中间的文本框中的数字显示的是当前播放（显示）的帧的序号。

播放速度：每秒若干帧 fps。默认为 15 fps，可自行设置。

自动播放：网页打开后是否自动播放，默认从开始帧播起。可选中复选框设置。

循环播放：是否循环播放。设置后默认从开始帧重复，实际上是添加一种行为，所以行为通道内容会有变化。

10-2　时间轴动画的创建

10.2.1　增加对象到时间轴

在 Dreamweaver 中，层是实现时间轴动画的基础。制作动画之初，不仅要绘制一些层，而且要把他们添加到时间轴。途径有以下几种：

1. 利用右键菜单

绘制层并填入内容后，选中之，而后右击该层，在菜单中单击"添加到时间轴"（图10-2），系统将显示一说明性对话框（图10-3），直接单击"确定"按钮，系统即把该层添加到时间轴中（图10-4）。默认从第一针帧开始，插入 15 帧。

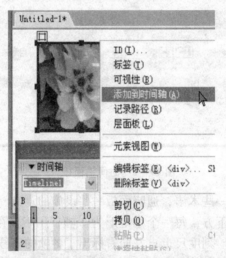

图 10-2　利用快捷菜单添加到时间轴

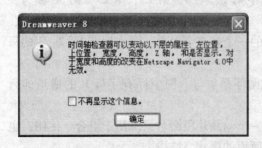

图 10-3　对话框

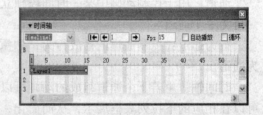

图 10-4　添加后的效果

2. 用鼠标把层拖动到动画通道

选中层后，按住鼠标左键不放，可以把层拖动到动画通道中，而不会改变层在编辑窗口的位置，也会显示图 10 - 3 对话框。

3. 利用主菜单

展开"修改"菜单，选择"时间轴"/"增加对象到时间轴"命令。

不管采用哪个途径实现，每添加一次，形成一个动画片段。其开始和结束帧都是关键帧，中间为普通帧。

10.2.2　帧、通道的编辑

1. 选择当前帧

首先选中对应的层，而后在帧数刻度尺上适当位置单击。如果选关键帧，可直接单击该帧所在的那一单元格。

2. 普通帧的增加与减少

右键单击动画通道中间某帧，选择"添加帧"或"移出帧"命令即可。

3. 普通帧与关键帧的转换

选中后，右键单击，在快捷菜单中选择"增加（移除）关键帧"命令即可。

4. 动画的选中、移动、剪切、拷贝、粘贴、删除

以每次添加到时间轴的动画片段为单位，单击可选中，拖动可移动（同时改变其开始和结束帧），利用其右键菜单，可以剪切、拷贝、粘贴、删除。另外，删除了层即删除动画。

5. 帧、通道的显示隐藏

动画中各个元素的显示和隐藏可通过层的属性面板设置关键帧的可见性属性。但动画的各个帧在通道中始终是显示的。

10.2.3　创建移动动画

移动动画按照移动轨迹又可分为直线动画、折线动画、平滑曲线动画、任意路径动画等。

1. 直线动画

在时间轴中添加对象后，实际上已经形成了动画，只是开始帧和结束帧层中对象都在页面的相同位置，所以在播放时"动"不起来。只要改变了开始帧和结束帧层中对象的相对位置关系，即可形成直线移动动画。所以创建直线移动动画的步骤是：

①插入对象到层，添加对象到时间轴；

②在时间轴面板选中动画的第一帧或最后一帧，拖动层到新的位置；

③设置自动、循环播放等属性，即可预览。

注意：只有改变关键帧的位置，才能动起来。因为它们是关键帧，此外，由于时间轴动画是通过自动添加的 javascript 代码实现的，在 Windows XP 的 IE6.0 的默认设置中，可能看不到动画，应修改其"Internet 选项"默认设置：高级→安全→允许使用活动内容。

2. 折线动画

折线动画实际上是直线动画的组合。制作一个直线动画后，在时间轴面板选取其最后一帧，再选中编辑窗口中的层，添加到时间轴最后一帧的后面，形成第二个动画片段，只要改变一下该片段结束帧的层的位置，即形成折线动画（图 10 - 5）。

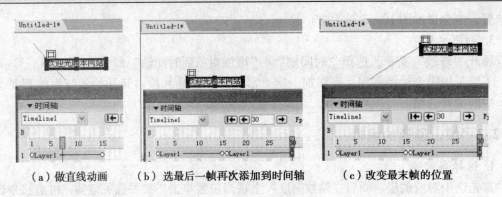

（a）做直线动画　　　（b）选最后一帧再次添加到时间轴　　　（c）改变最末帧的位置

图 10-5　折线动画的制作

3. 平滑曲线动画

平滑曲线动画只能由直线动画修改而成。先做直线动画，在中间添加若干个关键帧，改变关键帧中对象的位置，得到的运动轨迹即成为平滑的曲线（图 10-6）。

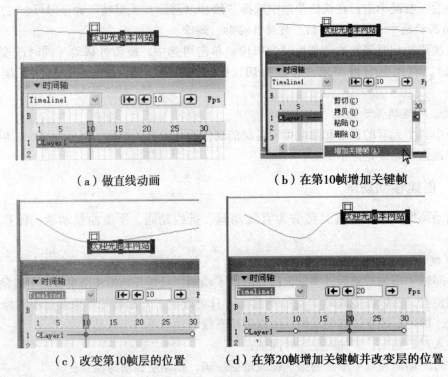

（a）做直线动画　　　　　　　（b）在第10帧增加关键帧

（c）改变第10帧层的位置　　　（d）在第20帧增加关键帧并改变层的位置

图 10-6　制作平滑曲线动画

4. 任意路径动画

有两种途径：

（1）通过右键菜单

选中层，右击之，在快捷菜单中选择执行"记录路径"，沿设计轨迹拖动层即可。

（2）通过主菜单

选中层，展开"修改"菜单，选择"时间轴/录制层路径"命令，沿设计轨迹拖动层。

两种途径在拖动鼠标后都会显示图 10 - 3 所示对话框，确定后自动添加若干的关键帧。

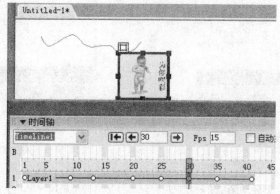

图 10 - 7　任意路径动画一例

10.2.4　创建缩放动画

　　缩放动画即层中对象（多为图片）大小可以改变的动画。亦即其中各个关键帧层的尺寸不等。所以只要在作出移动动画之后，改变其中关键帧中层尺寸的相对大小即可形成。实例见图 10 - 8。但需注意，制作图像的缩放动画，一般在层中使用背景图像，因为前景图片的大小不随着层的尺寸改变。当改变关键帧中前景图片的大小时，各个关键帧都会发生变化。

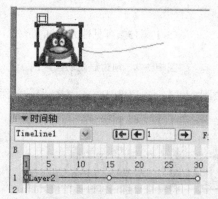

图 10 - 8（a）　　缩放动画一：制作移动动画

10.2.5　创建显隐动画

　　显隐动画指的是在动画过程中动画元素时而显示、时而隐藏的动画。只要在上述某些动画的基础上，改变中间某些关键帧的原有可见性属性即可实现。实例见图 10 - 9。

10.2.6　制作幻灯片

　　利用时间轴动画可以制作幻灯片。其原理是，多个层，可以重叠，但起始帧必须错开。开始时仅显示一个层，而后依次显示或隐藏其他层，可在一个或多个通道。方法很多，这里介绍最简单的一种。实例（在同一位置依次显示字母 AAA、BBB、CCC、DDD）：

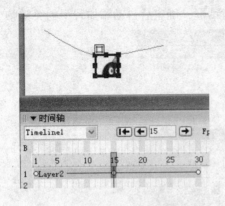

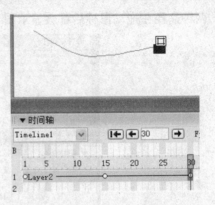

图 10 - 8（b） 缩放动画二：
改变关键帧中的大小

图 10 - 8（c） 缩放动画三：
改变另一关键帧层的大小

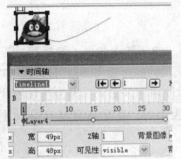

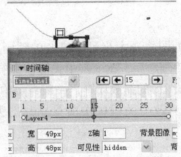

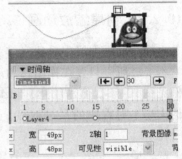

（a）第一帧可见性为visible　　　（b）第15帧可见性为hidden　　　（c）第30帧可见性为visible

图 10 - 9　创建显隐动画一例

1. 顺序插入若干层（图中4层，顺序为D→C→B→A），添加内容。使之宽和高尺寸相同（图10 - 10a）；

图 10 - 10（a）　顺序插入若干层（如4层），添加内容；使之宽和高相同

2. 将以上各层逆序（A→B→C→D）拖入添加到动画通道中，并使每个片段占相同的帧数（10帧）（图10 - 10b）；

3. 先使各层左对齐，再使之下缘对齐，以实现完全重叠（图10 - 10c）；

4. 将前几个片段的最末关键帧（第10、第20、第30帧）的可见性设为隐藏"hidden"；

图 10 – 10（b）　将以上各层逆序（A→B→C→D）拖入四层动画通道中

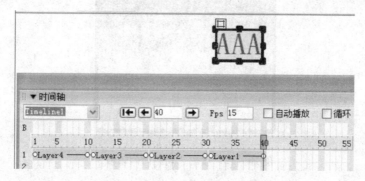

图 10 – 10（c）　使各层完全重叠

5. 将播放参数设为自动播放。

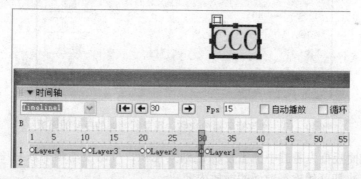

图 10 – 10（d）　将第 10、第 20、第 30 帧的可见性设为隐藏 "hidden"

10 – 3　时间轴动画的高级设置

10.3.1　循环播放次数的指定

在时间轴面板一旦选中了"循环播放"复选框，在浏览器中播放时就会无休止的播放下去。同时在时间轴面板的行为通道会有变化（图 10 – 11），一般默认是从结束帧的下一帧开始重复第一帧的内容。循环播放次数、重复起始帧的序号这些属性可以根据需要修改。

在时间轴面板设置"循环播放"，打开行为面板（图 10 – 12），在时间轴面板选行为通道中带有重复标记（"－"）的那一帧，双击行为面板中"onframe"事件后的"转到时间轴帧"，在对话框（图 10－13）中指定起始帧、循环次数，单击"确定"即可。

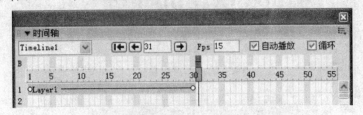

图 10－11　设置了"循环播放"的时间轴面板

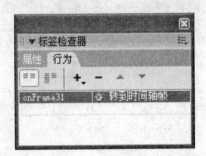

图 10－12　双击"转到时间轴帧"

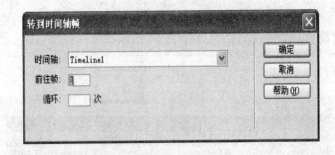

图 10－13　修改循环播放次数、重复起始帧的序号的面板

　　拖动时间轴面板行为通道中的重复标记到其他帧，可以使动画播放到中间某一帧（不等完整播放一遍）即开始重复前面的播放内容。

10.3.2　改变对象

　　有时候我们感觉动画的总体效果（路径、显隐、缩放等）很好，只是动画的元素不当。如果从头做起不仅费时费力而且未必能够再现其总体效果。此时，改变动画对象可收到事半功倍效果。只需将动画中我们认为不妥的动画元素（某一层内容）换为另外一层内容即可。可见至少应该有两个层。改变对象（改变动画源文件）的步骤是：

　　1. 插入两个层；选中一层，做成动画；

　　2. 右击动画通道，在快捷菜单（图 10－14）中选"改变对象"，系统出现"更改对象"对话框（图 10－15），在对话框中选择另一层，单击"确定"即可。

　　需要说明的是，如果原来有两个动画通道，改变后，总帧数等于各个动画通道帧数之和，可以保持两个通道，但被改变的层将变为静止状态，失去动画效果。

10.3.3 时间轴的编辑

时间轴的编辑包括增加、移除、重命名。

1. 增加时间轴

当某一个大型动画需要有较多的帧，较多的通道时，编辑起来很不方便。我们往往将其拆分成若干个部分来做。每一部分作为一个时间轴独立命名。这样在时间轴面板可以化整为零，便于编辑。为此，常常需要建立新的时间轴——增加时间轴。

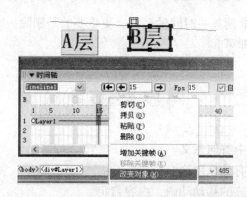

图 10 −14　右击动画通道，产生快捷菜单

图 10 −15　更改对象对话框

在任意空白的行为通道或动画通道右击，在快捷菜单中选取"添加时间轴"（或在时间轴面板右上角单击，打开面板菜单，从中选取"添加时间轴"），新的时间轴编号及自动添加到下拉菜单中，并成为当前时间轴。

2. 重命名时间轴

系统默认名称总是"Timelinex"，当时间轴数量较多时，为便于把握名称与内容的对应关系，为此对于新建的一批时间轴需要重新命名。

选取欲改名的时间轴为当前时间轴，在任意空白的行为通道或动画通道右击，在快捷菜单中选取"重命名时间轴"（或在时间轴面板右上角单击，打开面板菜单，从中选取"重命名时间轴"），系统即显示图 10 −16 对话框，编辑新名称后，"确定"即可。也可以在时间轴面板"时间轴"下拉菜单名称栏直接修改其名称。

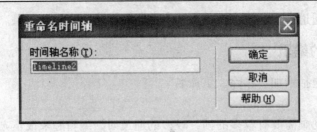

图 10-16 "重命名时间轴" 对话框

3. 移除时间轴

移除时间轴不仅可以取消某一时间轴名称，更重要的是删除一大段动画内容。选中相应时间轴后，执行菜单操作即可。

思考与练习

1. 时间轴在网页制作中有何意义？

2. 何为关键帧？通道有什么用途？

3. 制作正弦曲线形轨迹的移动动画，内容自定。

4. 制作折线移动动画：插入一层，其中填入本网站公告内容，使之靠近屏幕边缘沿着一个矩形轨迹依次移动到屏幕的四个角，速度适中，循环三次。

5. 制作幻灯片：依次自动显示十个尺寸相同的图片，每个图片持续三秒钟以上。

第十一章

11 行为

――――――――― 本章重点提示 ―――――――――

◎ 行为的意义及有关术语――事件、动作；

◎ 行为面板操作；

◎ 重要行为：弹出信息、打开浏览器窗口、显示隐藏层、检查表单、检查浏览器、显示弹出式菜单。

11 – 1　行为的有关概念

网页中的行为设计可体现面向对象编程的思想，是用户实现人机交互的重要手段，可增强网页的自我反应能力和数据自检能力。

通俗地讲，行为 = 事件 + 动作，亦即当触发某一事件时系统自动产生某种动作。行为或事件总是以对象（网页、图像、文本、层等）为载体的。

不同对象有不同的事件。最常见的事件见表 11 – 1。不同的浏览器版本中事件的数目有所不同。

表 11 – 1　行为中的常用事件

类别	事件	含义	类别	事件	含义
鼠标事件	onMouseover	鼠标移入	键盘事件	onKeyDown	按下某键
	OnMouseOut	鼠标移出		onkeyPress	按下某键后松开
	onMouseup	松开鼠标		onkeyup	松开某键
	onMousedown	按下鼠标左键	页面事件	onLoad	载入/打开网页
	onMousemove	拖动鼠标		onUnload	关闭/退出网页
	onClick	单击鼠标	其他事件	onBlur	移开焦点
	onDblClick	双击鼠标		onSubmit	提交表单

展开"窗口"菜单，选择"行为"命令行（或同时按下 Shift + F4），可以打开行为面板（图 11 – 1），标签下的按钮从左到右依次是：显示设置事件、显示所有事件、添加行为、删除行为等。单击"显示所有事件"按钮可看目前支持的事件。如果未显示预期的事件或行为，可采取如下措施：

1. 检查是否具有或选择了正确的对象；

2. 检查目前适用的浏览器版本：Dreamweaver 网页设计针对的默认的浏览器版本较低，直接显示的事件较少。在行为面板单击添加行为按钮（" + "），从菜单中选择"显示事件"，选择较高浏览器版本，可获得较多事件。

动作是由事件引发的动态效果，由 Dreamweaver 自动提供的 Javascript 代码（位于网页头部的 < script > 标记和文档体的 < div > 标记之中）实现，也可以人工编写代码。当行为附加到网页对象中时，一旦触发某事件，浏览器将自动执行相关动作代码。

11 – 2　行为的设置

选中网页对象后，单击行为面板"添加行为"按钮（ + ）可看到可添加行为菜单，选其一，通过对话框，做一些相应的设置即可（图 11 – 1）。

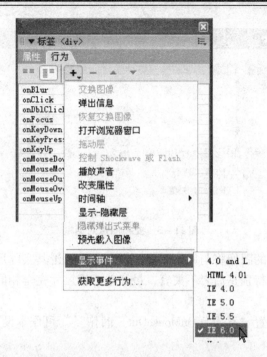

图 11 – 1　让行为面板显示全部事件

在行为面板选中某行为后，单击"删除"按钮（"—"），可删除。

设置行为后，总是默认的事件对应设置的动作，在行为面板选择某行为，展开其事件下拉菜单，从中选择新的事件，可以替换默认事件。

在 Dreamweaver 中可设置的行为有 20 余种。这里介绍常用的一些。

1. 交换图像

指的是当鼠标移入图像时，系统自动交换为另一幅图像的效果。在网页插入一幅图像后可添加该行为。原图像要先设置其 id 属性值。当出现相应对话框（图 11 –2，图中的 id 属性值为 aq）时，在"设定原始档"中选择或输入另一幅图像的路径，单击确定即可。由图可知，默认设置是预先载入图像和"鼠标滑开时恢复图像"，自动添加两个行为（鼠标移入 Onmouseover 时交换，移出 OnMouseOut 时恢复）。实际上，前面章节中的"插入鼠标经过图像"操作可达到完全相同的目的（图 11 –3）。

图 11 –2　用新事件替换默认事件

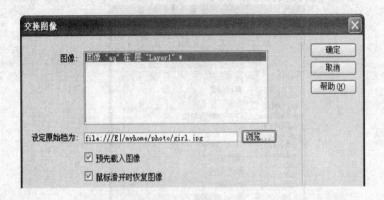

图 11 - 3　交换图像对话框

　　注意，届时交换来的图像将与原始图像一样大小，无论其实际尺寸是否相同。为了保障两者的视觉效果完好，特别是后者不失真，最好选两幅尺寸完全相同的图片。

　　2. 恢复交换图像

　　上述操作如果未设置"移出（OnMouseOut）时恢复"可作本设置。

　　3. 弹出信息

　　显示"弹出信息"对话框（图 11 - 4）后，编辑信息，单击"确定"即可。可基于文本、图像、层、网页设置。事件触发时显示警示框（图 11 - 5），默认对象是网页，默认事件是鼠标事件 onclick（单击）。一般可改为网页事件 onload（打开网页）。

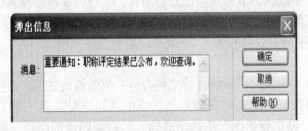

图 11 - 4　编辑弹出信息

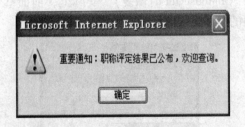

图 11 - 5　浏览网页时弹出的警示框

　　4. 打开浏览器窗口

　　该行为的作用是，当要打开一个网页时，浏览器先以特定的大小和形式打开一个附加窗口，以显示一些特殊信息（如公告、最新消息、重要通知等）。选择添加该行为后，系统显示图 11 - 6 对话框。需从中指定目标 URL 及 IE 窗口显示属性。

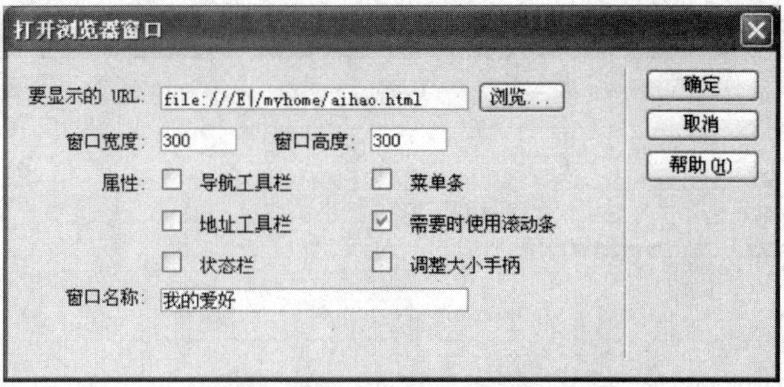

图 11－6　打开浏览器窗口对话框

图中要显示的 URL 指的是附加窗口文件的路径。可以是网页、图片、文本文件等。较特殊的格式（如 Word 文档）浏览时浏览器会要求下载。

窗口宽度、窗口高度：指的是附加窗口的尺寸（像素数）；当附加窗口插入的只是一幅图片时，如果图片真实尺寸大于窗口的尺寸，将自动将其缩小到适合窗口的尺寸完整显示。

"属性"一栏的 6 个复选框用于控制相应要素在附加窗口是否显示。"需要时使用滚动条"只对文本文件和普通网页有效，对图片不起作用，"调整大小手柄"如不设置，则浏览时调整大小控件不可用，不能通过拖动附加窗口边框缩放浏览窗口。

"窗口名称"并非附件窗口的标题。如要通过 JavaScript 使用链接指向新窗口或控制新窗口，则应该进行命名。名称不能包含空格或特殊字符。该项一般可不予设置。

添加该行为一般无需选中对象，默认事件为 onload。一般也无需修改事件。

5. 拖动层

浏览网页时可由用户拖动窗口中的一个层使之移动到窗口的其他位置。页面上有层时可设置此行为。"拖动层"对话框（图 11－7）有两个标签组成。一般设置其"基本"标签属性即可。如"拖动层"不可用，可能是因为选择了层。层在两个 4.0 版本的浏览器中都不接受事件，所以您必须选择一个不同的对象或在"显示事件"弹出菜单中将目标浏览器更改为 IE4.0。

设计中更多的使用"基本"标签。可"限制"或"不限制"移动范围或区域。不限制移动适用于拼板游戏和其他拖放游戏。

当设为"限制移动"时，"上"、"下"、"左"和"右"文本框中输入值（像素），相对于层的起始位置。如果限制在矩形区域中的移动，则在所有四个文本框中都输入正值。如果只允许垂直移动，则在"上"和"下"域中输入正值，在"左"和"右"域中输入 0。如果只允许水平移动，则在"左"和"右"域中输入正值，在"上"和"下"域中输入 0。

拖放目标是一个点，在"左"和"上"文本框中为拖放目标输入值（相对浏览器窗口的左上角）。当层的左坐标和上坐标与文本框中输入的值匹配时便认为层已经到达该目标。

6. 改变属性

该行为可允许用户在浏览网页时改变网页元素的属性。适于文本、图像、层、表单等多种对象。添加行为前应该设置其 id 属性值，明确对象类型（标记名），见表 11－2。添加行为时系统显示图 11－8 对话框。从中指定或输入要改变的属性和目标属性值。

（a）"基本"标签

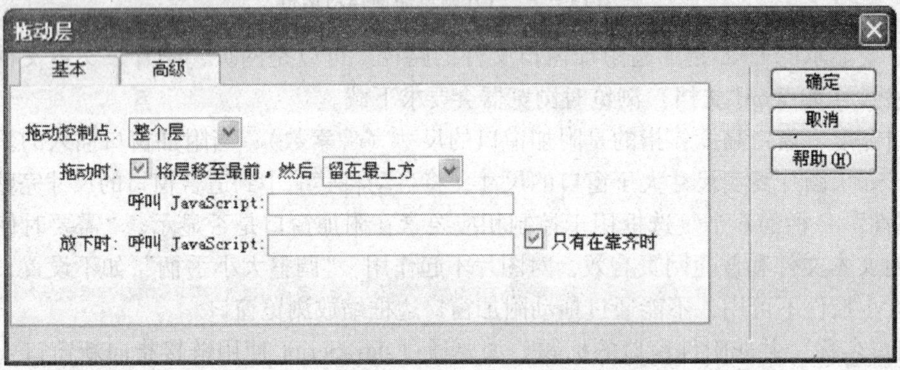

（b）"高级"标签

图 11 - 7 "拖动层"对话框

表 11 - 2

对象	类型标记	属性
文字	span	从菜单中选择（style. color 等）
图像	img	输入（width/height）
层	div	从菜单中选择（style. …）

可改变的属性因对象而异。一般对相应对象应该用 title 属性设置提示信息，以便让用户知道。必要时应改变该行为的默认事件设计。

7. 显示—隐藏层

这是经常使用的一种行为设置，仅适用于层。在第 9 章已经述及，这里不再赘述。

8. 检查表单

该行为用于在用户提交表单数据前由系统自动验证其数据有效性，在用户输入无效数据时予以提示。只要有表单，就应该添加该行为。详见"表单"一章。

9. 设置文本域文字

对表单特定文本域设置该行为。可使之获得默认的输入值。详见"表单"一章。

10. 设置状态条文本

用于设置在浏览器状态栏显示的文字信息。在行为菜单中选"设置文本"的子菜单

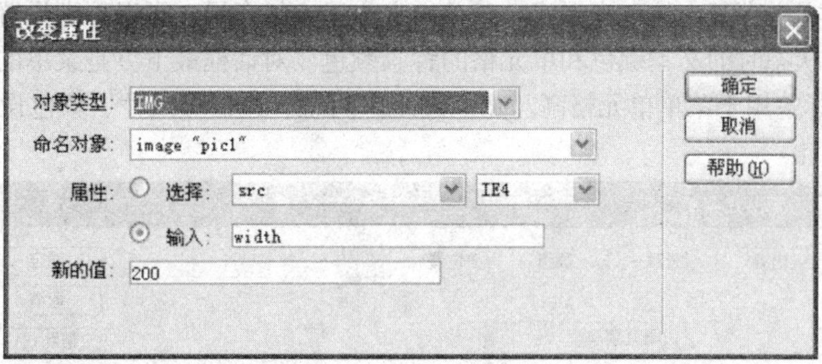

图 11-8　对某图片添加"改变属性"（宽度改变为 200 像素）行为

"设置状态条文本"，可打开一个对话框（图 11-9），输入相应信息即可。

图 11-9　"设置状态条文本"对话框

11. 显示弹出式菜单

该行为用于设置菜单式导航栏。一般对于图片或其热点进行操作，系统要求在设置行为之前应先保存网页文档。系统显示的对话框由四个标签组成（图 11-10、图 11-11、图 11-12、图 11-13）：

"内容"标签用于菜单显示文字及其对应的超链接的设计。其中，"文本"是在菜单中将要显示的文字；"目标"指目标框架的名称。单击"菜单"一行的"＋"、"－"按钮可增减菜单行，"右缩进"按钮可设置子菜单。

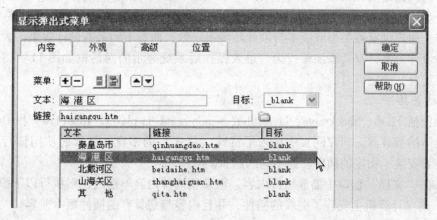

图 11-10　"显示弹出式菜单"对话框的"内容"标签

"外观"标签用于菜单中文字的字体、颜色、大小设计。菜单可以呈水平或垂直式样，可以选择菜单文本在其内的对齐方式。菜单内文本以表格布局，可以分别设置菜单在一般状态和鼠标滑过状态时的文本颜色和单元格的背景颜色。对话框最下方是菜单的预览效果。

"高级"标签用于菜单单元格高、宽、边距、间距、边框等尺寸、颜色设计和鼠标滑过后延迟时间设计。

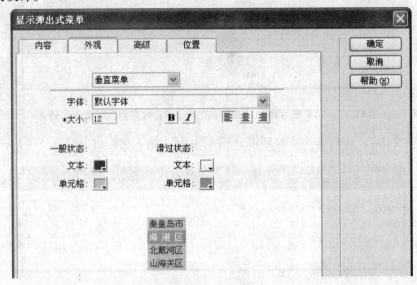

图 11-11   "显示弹出式菜单"对话框的"外观"标签

"位置"标签用于菜单相对于图片或其热点的偏移位置设计，可位于鼠标指针的右下方、正下方、正上方、正右侧等四个位置。其"X"、"Y"值用于控制菜单左上角的位置坐标，修改这两个数据可以控制菜单的偏移量。一般应该选中最下方的"在发生 OnMouseOut 事件时隐藏菜单"选项，由系统自动完成相应行为设计，以尽量节省人工劳动。

图 11-14 是按照以上参数设置了"显示弹出式菜单"行为的效果。

12. 检查浏览器

常用的浏览器的种类（和版本）有 IE 5.0、IE（Mac）、Netscape Navigator 7、Mozilla、Opera 5、Safari 等。该行为用于根据用户使用的浏览器的种类和版本分配相应要打开的网页。为防止用户浏览器类型或版本与设计环境不一致，而看不到某些设计效果，大型网站会考虑多种设计方案，都会添加该行为。进入操作后系统显示的对话框如图 11-15。按需要输入相应信息，确定即可。

13. 检查插件

插件包括 Flash、Shockwave、Liveaudio、windows media player、RealPlayer 和 QuickTime，是一些媒体的播放器。当在网页中插入了特殊（格式）的多媒体元素时使用该行为。可根据用户是否安装了指定的插件转到不同的网页。

如果在"文档"窗口中播放插件内容，但某些插件内容不播放，则执行以下操作：

（1）确保计算机上安装了关联的插件，并且内容与您具有的插件版本兼容。

（2）在文本编辑器中打开文件 Configuration/Plugins/UnsupportedPlugins.txt，查看文件中是否列出了有问题的插件。此文件记录在 Dreamweaver 中导致问题并因此不受支持的插件。（如果您在使用特定插件时出现问题，请考虑将其添加到该文件中。）

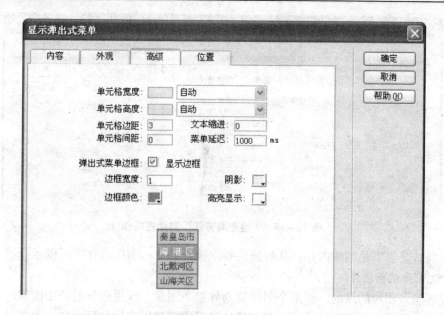

图 11－12　"显示弹出式菜单"对话框的"高级"标签

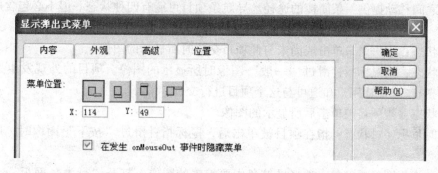

图 11－13　"显示弹出式菜单"对话框的"位置"标签

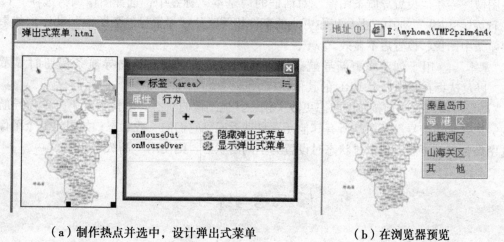

（a）制作热点并选中，设计弹出式菜单　　　　（b）在浏览器预览

图 11－14　弹出式菜单设计一例

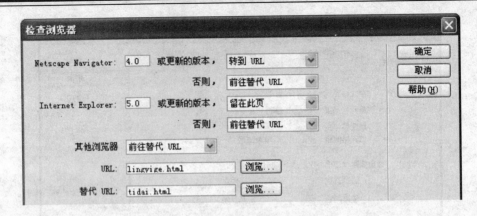

图 11 –15　"检查浏览器"对话框操作

（3）检查是否有足够的内存。某些插件要求额外的 2 ~ 5MB 内存才可以运行。

14. 设置导航条图像

设置导航条图像的目的：将某个图像变为导航条图像，或更改导航条中图像的显示和动作。导航条由图像或图像组组成，这些图像的显示内容随用户操作而变化，为在站点上的页面和文件之间移动提供一条简捷的途径。导航条项目可能有四种状态。但不必包含所有这四种状态。

一般状态：用户尚未单击或尚未与此项目交互时所显示的图像。

滑过状态：指鼠标指针滑过"一般"图像时所显示的图像。项目的外观发生变化（例如变得更亮），以便让用户知道可与这个项目进行交互。

按下状态：指项目被单击后所显示的图像。

按下时鼠标经过状态：指在项目被单击后，鼠标指针滑过"按下"图像时，所显示的图像。

操作：插入图像导航条→选择导航条中要编辑的图像→打开"行为"面板→"设置导航条图像"→在"设置导航条图像"对话框的"基本"标签中，选择图像编辑选项。（或：在"行为""动作"列中双击与正在更改的事件相关联的"设置导航条图像"动作）如果不是导航条中图像，设置后不显效。

"基本"　用于创建或更新导航条图像或图像组、更改当单击导航条按钮时显示的URL，以及选择在其中显示 URL 的其他窗口。

"高级"　根据当前按钮的状态更改文档中其他图像的状态。默认情况下，单击导航条中的一个元素将使导航条中的所有其他元素自动返回到它们的一般状态；如想将某个图像在所选图像处于按下状态或滑过状态时设置为不同的状态，则使用"高级"标签。

📖 思考与练习

1. 行为在网页设计中有何意义？

2. 常用的鼠标事件有哪些？什么是动作？

3. 为什么有时候要修改默认事件在行为面板中却找不到要找的新事件？怎样才能找到？

4. 为网页分别添加以下各行为：

a）打开网页时自动显示图 11－16 所示警示框；

图 11－16　目标警示框

b）打开网页时自动显示另一个网页，其窗口尺寸为长宽各 300 像素，不显示任何工具栏和状态栏，可显示滚动条，窗口大小不可调。网页的内容是一个紧急通知，具体文字自拟；

c）在网页插入一图片，长宽各 200 像素。当用户单击该图片时可以放大到长宽各 400 像素；

d）打开网页时状态栏始终显示"谢谢您光顾本网站，欢迎对本网页的设计提出宝贵意见！"。

5. 根据以下关于网站内容类别的表格（表 11－3）进行弹出式菜单式导航设计。要求其第一行作为一个图片显示在页面上，作为主菜单，以下各行为其菜单行，当鼠标指针移入该行的各个单元格时，显示菜单的内容。

表 11－3　导航菜单的内容

公司概况	公司新闻	产品介绍	客户指南	合作伙伴
历史沿革	产销信息	主打产品	联系电话	合资经营
管理机构	外事活动	畅销产品	订货须知	技术之友
企业文化	企业管理	副产品		

第十二章

12 样式与层叠样式表（CSS）

—————— 本章重点提示 ——————

◎ 样式与 CSS 的意义；

◎ 有关概念、术语——内联样式表、外联样式表、附加样式表；

◎ CSS 样式的新建、套用方法；

◎ 各类样式的意义、属性含义；

◎ 时间轴的编辑。

本章内容对于呈现网页个性、提高网页档次具有重要意义。是否掌握本章知识和技术，是区别专业与非专业网页设计工作者的重要标志。

12-1　样式与 CSS

12.1.1　样式及其编辑

当我们在设计窗口设置网页元素的属性（如文本的字体、字号、颜色）后，系统自动定义样式（Mx 以下版本 Dreamweaver 不会自动生成样式代码）。在属性面板→"样式"列表中可见（图 12-1）系统自动定义的样式名（.STYLE1）。图 12-2 是系统自动产生的相应代码。当在网页中绘制一个层时，系统也会自动产生其代码（图 12-3）。其层的编号"layer1"即为样式的名称。此类一边定义一边使用的样式称为"嵌入式"样式。

图 12-1　设置网页元素的属性后，系统自动定义样式

```
6   <style type="text/css">
7   <!--
8   .STYLE1 {
9   font-size: 24px; font-weight:bold;color: #00FF00;
10  font-family: "Times New Roman", Times, serif;}
11  -->
12  </style>
13  </head>
14  <body>
15  <div align="center"><span class="STYLE1">ASDFG</span></div>
```

图 12-2　系统自动定义样式的 HTML 代码

注意代码中套用该样式时，前者用了类（class 属性），而后者用 id 属性。

熟悉 HTML 语法的设计者也可以编写或修改样式代码，添加样式。

在编辑当前网页时，打开 CSS 面板（快捷键：Shift + F11）可看到从中定义的样式（图 12-4），也可以通过 CSS 面板新建一些样式。

12.1.2　CSS 及其意义

CSS（Cascading Style Sheets）意为"层叠样式表"或"级联样式表"。样式或 CSS 样式对于美化和装饰网页，强化网站特色，提高网页的表现力和感染力，具有重要意义：

1. 可调节字距、行距，为图片、文字添加滤镜效果等，最大限度装饰和美化网页；

```
13  }#Layer1 {
14      position:absolute;  left:90px;
15      top:57px;width:38px; height:27px;
16      background-color:#CCFF66;
17      layer-background-color:#CCFF66;
18      border:1px none #000000; z-index:1;
19  }
20  -->
21  </style>
22  </head>
23  <body>
24  <div id="Layer1"></div>
25  <div align="center"><span class="STYLE1">ASDFG</
    span>
```

图 12 - 3　系统关于层的样式代码　　　　　　图 12 - 4　CSS 面板

2. 可以一次设置，多次使用，提高网站开发者的工作效率；

3. 可有效减少代码冗余，模拟图像效果，加快网页的打开速度；

4. 有利于网站中各网页的风格保持一致；

5. 在所有浏览器和平台之间有较好的兼容性。

12.1.3　新建 CSS 样式

多数样式是先定义后使用的。可通过多种途径新建 CSS 样式，操作后系统显示图 12 - 5 对话框（图 12 - 5）。

- 在"CSS 样式"面板点击右下角"新建 CSS 规则"按钮（右三）；
- 展开右上角菜单，选择"新建"命令；
- 在"CSS 样式"面板空白处单击右键，在快捷菜单中选择"新建"命令。

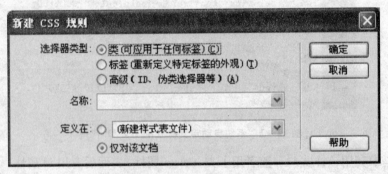

图 12 - 5　"新建 CSS 规则"对话框

面板中，选择器类型有三种，各有不同用途：

类：用"类"（class）定义 CSS，可对所有标记（签）设置属性。

标签（重新定义特定标签的外观）：需从"标签"菜单选择具体标记（签）——即修改指定标记的默认属性设置；

高级：可用 id 属性定义 CSS 或设置超链接的外观。

新建样式（class）后，可单独保存为一个样式表文件（∗.css）或仅应用于本网页而不单独保存（内联样式表）。

　　在图 12-5 对话框，选择好"选择器类型"，输入名称，明确"定义在:"目标，单击"确定"，系统显示 12-6 对话框，选择分类后，在类型中，设置各属性的值，单击确定，即建立起一种 CSS 样式。

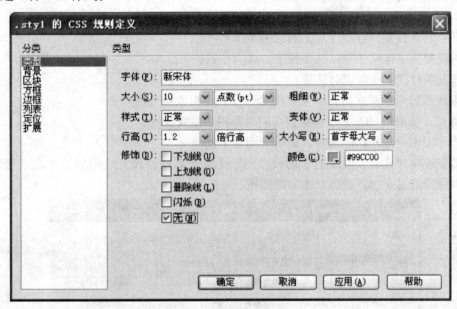

图 12-6　新建 CSS 规则"类型"选项对话框及参数设置

12.1.4　CSS 样式的应用

　　建立 CSS 样式后，选中网页对象，在 CSS 面板选中样式，在 CSS 面板右上角（或右键）菜单中选"套用"；或选中对象，在属性面板样式菜单选一种样式。

12-2　内联样式表的建立与应用

12.2.1　概述

　　在图 12-5 对话框中，当选择"定义在:仅对该文档"意味着新建样式（class）时，仅在本网页的代码中（自动）写入相应代码，而不将其单独保存样式表文件，称为内联样式表。

　　在图 12-5 对话框，指定"选择器类型"，输入样式名称，"定义在:"选择"仅对该文档"，单击"确定"，系统打开图 12-6 对话框，即进入内联样式表编辑状态。名称最终自动以"."开头。

　　建立内联样式表后，选中网页对象，在 CSS 面板选中样式，在右键快捷菜单或 CSS 面板右上角菜单中选"套用"或选中对象后，再在属性面板"样式"菜单选一种样式。

12. 2. 2　CSS 样式的分类

1. 类型

该分类用于文本一般参数设置（图 12 –7）。

"行高"用于设置同一个段落内文本行间距，不影响段间距。其取值可为：

正常：默认设置，自动计算，通常为字体尺寸的 1 ~ 1.2 倍；

值：设置为字体尺寸乘以这个数字，可为小数。

关于此类样式，在应用时注意：

①重新编辑 CSS 样式后，原来应用 CSS 样式的对象将自动调整。

②格式（如 H1、H3 等）与样式可同时套用、生效。

③当套用多种样式相冲突时，最后套用者生效。

④需要多项样式时，应该把它们放在同一个样式名中，设置一项后，单击"应用"按钮，再继续设置另一项，最后单击确定按钮。

图 12 –7　背景类样式的属性设置

2. 背景

此类样式可用于为网页、表格及其单元格、网页文字（段落）、表单元素设置背景色、背景图像。

"重复"一项用于使用背景图像时，说明是否及如何重复背景图像。两种浏览器都支持重复属性。

"不重复"：在元素开始处仅显示一次图像。

"重复"：在元素的后面多次显示（水平或垂直平铺）图像。

"横向重复"和"纵向重复"分别显示图像的水平带区和垂直带区。当背景总尺寸不是图像尺寸的整倍数时，最后一幅图像被剪辑以适合元素的边界。

注意：使用"重复"属性重定义 body 标签并设置不平铺或重复的背景图像。

附件：确定背景图像是固定在它的原始位置还是随内容一起滚动。注意：某些浏览器可能将"固定"视为"滚动"。Internet Explorer 支持该选项，Netscape Navigator 不支持。

水平位置和垂直位置：指定背景图像相对于元素的初始位置。这可以用于将背景图像与页面中心垂直和水平对齐。如果附件属性为"固定"，则位置相对于"文档"窗口而不是元素。Internet Explorer 支持该属性，但 Netscape Navigator 不支持。

实例：带背景色的文字（不用表格）

①输入文字"这里的文字（word）带有背景色"，复制若干份（图 12 - 8）；

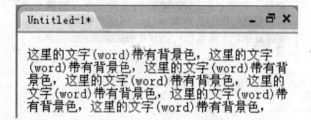

图 12 - 8　在网页中输入文字

②新建 CSS 规则，在图 12 - 5 对话框，选"类"，名称输入 txt1；定义在"仅对该文档"；

③依照图 12 - 6 设置"类型"各个属性，单击"应用"按钮；

④在". txt1 的 CSS 规则定义对话框"中，选"背景"分类，依照图 12 - 7 设置属性；结果如图 12 - 9。

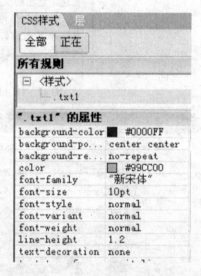

图 12 - 9　样式的类型与背景属性

⑤依次选择网页设计窗口段落中的文字"文字（word）"，在 CSS 样式面板右键单击唯一的样式". txt1"，在快捷菜单中选"套用"。注意网页的变化（图 12 - 10）。

⑥在 CSS 样式面板选中样式 . txt1，单击右下角编辑按钮（小铅笔），重新打开"规则定义对话框"，修改其类型和背景参数（图 12 - 11，行高改为 1.5 倍，前景色设为红色 ff0000，背景色为 ffcccc），确定后，注意网页的变化（图 12 - 12）。

利用 CSS 样式的背景属性，也可以为一个段落加上背景图像。

3. 区块

该类 CSS 样式主要用于决定段落中的文本的显示外观。在规则定义对话框（图 12 - 13）涉及诸多属性：

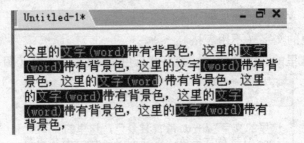

图 12-10　初次套用样式后的变化

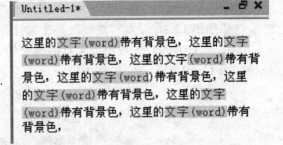

图 12-11　新的样式属性设置　　　　图 12-12　修改后网页自动套用新样式

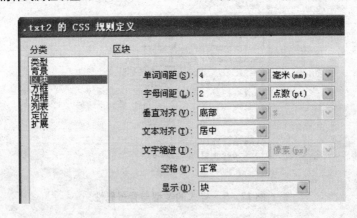

图 12-13　区块类 CSS 样式涉及的属性

　　"单词间距"设置外文单词的间距（对于汉字不起作用）。若要设置特定的值，请在弹出式菜单中选择"值"，然后输入具体数值（可以指定负值，但显示方式取决于浏览器）。在第二个弹出式菜单中，选择度量单位。系统不在"文档"窗口中显示该属性。

　　"字母间距"增加或减小字母或字符的间距（对于汉字，将改变字间距）。若要减小字符间距，可指定负值。字母间距设置覆盖对齐的文本设置。IE 4 及其以上版本以及 NN 6 支持该属性。

　　"垂直对齐"方式指定应用它的元素的垂直对齐方式。一般系统不在"文档"窗口中显示该属性。

"文本对齐"设置元素中的文本对齐方式。两种浏览器都支持该属性。

"文本缩进"指定段落第一行文本缩进的程度。可以使用负值，但显示方式取决于浏览器。仅当标签应用于块级元素时，系统才在"文档"窗口中显示该属性。两种浏览器都支持该属性。

"空白"一项设置决定如何处理元素中的空白。从三个选项中选择："正常"表示收缩空白；"保留"即保留所有空白，包括空格、制表符和回车；"不换行"表示仅当遇到 br 标签时文本才换行。系统不在"文档"窗口中显示该属性。NN6 和 IE 5.5 支持该属性。

"显示"指定是否以及如何显示元素。设置为"无"关闭应用此属性的元素的显示。设置为"块"时，在编辑窗口套用了该样式的文本将显示虚线框。在浏览器窗口显示为独立的段落。

如果不需要时，可将上述任意属性保留为空。

实例：

①在编辑窗口按照图 12 – 14 输入两段英文；

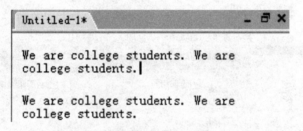

图 12 – 14　在编辑窗口输入两段英文

②建立 CSS 样式". txt2"，按照图 12 – 13 设置其属性；

③在图 12 – 14 中的两个段落中，各选中一部分文本，将呈现图 12 – 15 效果；

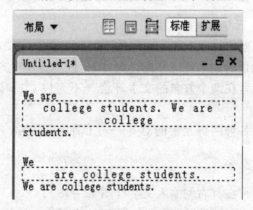

图 12 – 15　编辑窗口套用区块 CSS 样式后

④在浏览器中浏览效果如图 12 – 16 所示。

4. 方框（box）：

该类样式可应用于容器——网页、图像、表格、单元格、框架、层、脚本、控件等。

宽、高度：方框（容器）的横纵向尺寸。选项有"自动"和具体值。一般选"自动"。

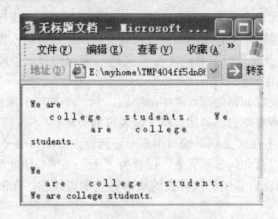

图 12-16　套用区块 CSS 样式后预览效果

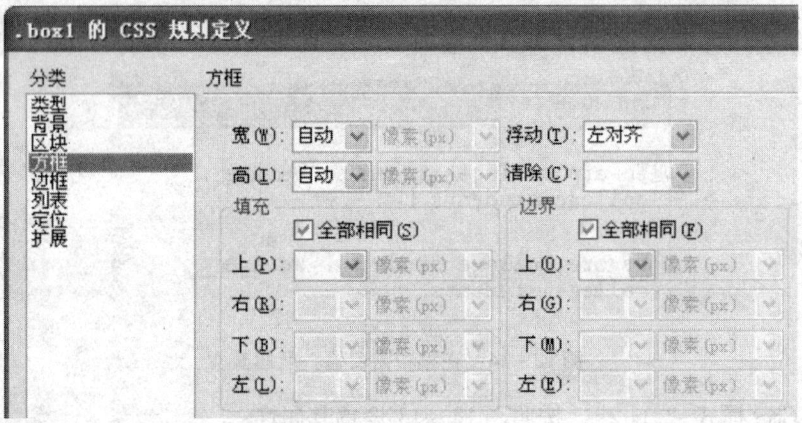

图 12-17　方框类样式的 CSS 规则定义对话框

填充（补白）——上下左右填充宽度；

边界——元素与浏览器窗口或上级元素间的距离；

浮动——设置一个元素的文本环绕方式（允许），选项有左对齐、右对齐、无；

清除——取消一个元素在某个方向的文本环绕（不允许）选项有左对齐、右对齐、两者、无；一般可不设。

利用该类样式，即可各种网页元素的对齐——无需放入表格（单元格）内：也可美化表单元素

实例：图片与文字对齐

①在网页中插入图片，在其右侧输入文字（图 12-18）；

②建立 CSS 样式 fra1，方框类属性设置如图 12-17 所示，确定；

③选中网页中的图片，套用样式 fra1，网页显示结果如图 12-19 所示。

请注意，图片放在左侧，方框的浮动属性设为"左对齐"；图片放在右侧，方框的浮动属性设为"右对齐"。

同理，可实现图片与表格、表格与表格的（左右）对齐。

实例：美化表单元素。

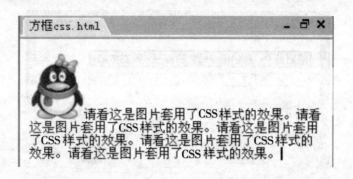

图 12 – 18　图片套用 CSS 方框类样式之前的网页

图 12 – 19　套用样式后的网页

将表单元素（文本框、下拉菜单等）加入到网页中后，其默认效果（高度、颜色、立体……）不够美观（图 12 – 20）。通过 CSS 可精确设置其长、宽、背景色，涉及类型、背景、方框、边框等多项操作。套用样式后效果将有明显变化（图 12 – 21）

图 12 – 20　表单元素套用 CSS 方框类样式之前的网页

E-mail:　　　　　　　填报年度 1991 ▼

图 12 – 21　表单元素套用 CSS 方框类样式之后的网页

5. 边框

用于设置表格线的宽度与类型、颜色。必要时需配合其他属性（frame 等）。可设置左右开口的表格，虚线表格等。原始属性边框宽度为 0。CSS 一般可包括类型、背景和边框三大项参数。

实例：立体按钮式单元格效果。

（1）在网页中插入表格，边框宽度设为 0；各单元格输入相应文字，设置背景颜色（图 12 – 22）；

（2）新建 CSS 样式，在 CSS 规则定义对话框中设置边框属性，线型样式为"实线"，宽度均设为"中"，左上边框线设为浅色，右下边框线设为深色，（图 12 – 23）；

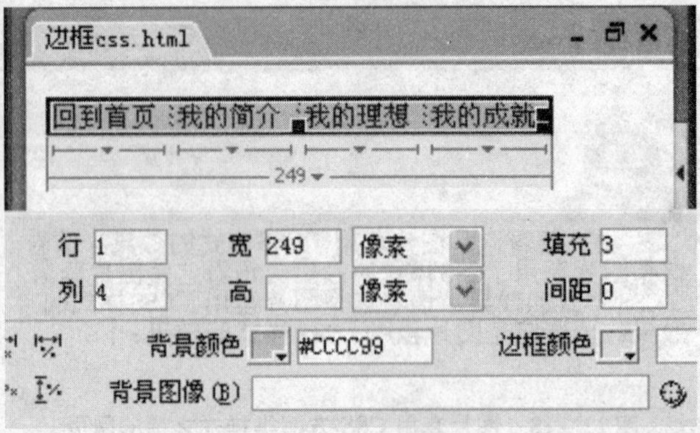

图 12－22　在编辑窗口设置表格的初始属性

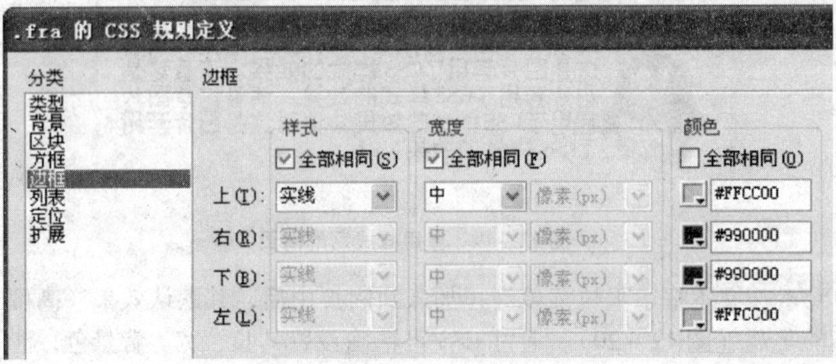

图 12－23　CSS 规则定义对话框中的设置

（3）依次选中表格的各单元格，分别套用该样式。效果如图 12－24、图 12－25。

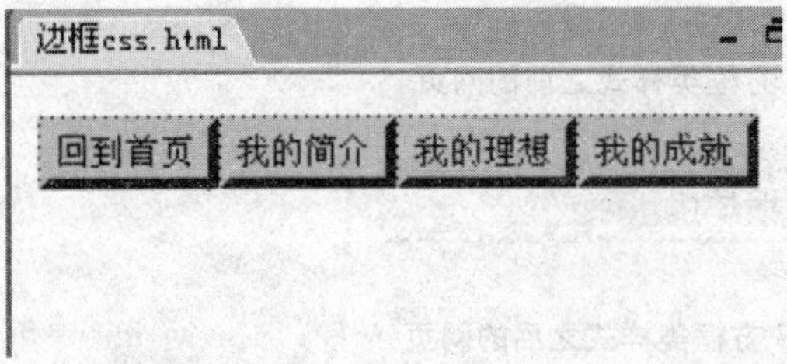

图 12－24　编辑窗口的显示情况

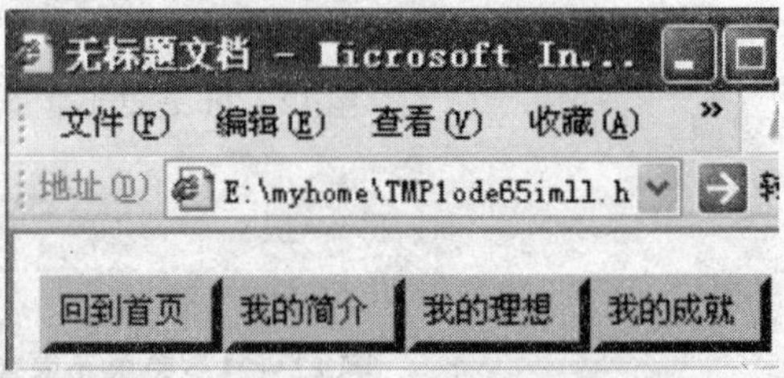

图 12－25　在浏览器中预览

6. 列表

该类 CSS 样式仅用于改善文本列表的外观。

在规则定义对话框（图 12－26）中，仅需设置三个属性：

类型：用于选择项目符号或序号的形式。菜单中圆点、圆圈、方块等九个选项。

项目符号图像：指定一幅尺寸极小（一般在长宽小于 15 个像素）的图像作为项目符号。

位置：有两个选择，“内部”可使文本换行到左边距；“外部”可使文本换行和缩进。

注意：如果指定了列表图像，则指定的列表类型将失效。但仍然提倡同时使用列表类型和列表图像，以便在列表图像不能显示时，可以使用列表类型属性控制其外观。

实例：使用 CSS 样式创建文字列表。

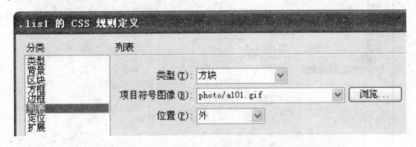

图 12-26　列表类 CSS 样式规则定义对话框

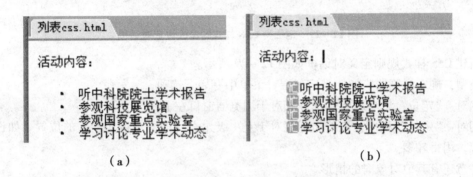

图 12-27　使用 CSS 样式创建文字列表

（1）在网站的 photo 文件夹下放置长宽各 12 像素的图片文件 a101. gif；

（2）在网页中输入几行列表文字；

（3）将输入的文字转化为列表格式（图 12-27（a））；

（4）建立 CSS 列表样式"lis1"，按图 12-26 设置参数；

选中列表文字，套用新建的 CSS 样式"lis1"，编辑窗口效果如图 12-27（b），在浏览器中的预览效果如图 12-28 所示。

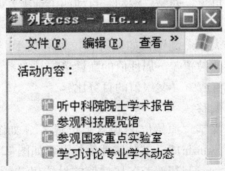

图 12-28　列表样式的预览效果

7. 定位

该类样式可定义层的默认标签，将标签或所选文本块更改为新层，可套用于层或普通文

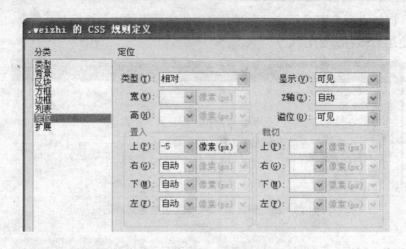

图 12 – 29　定位类 CSS 样式的属性设置对话框

本。新建 CSS 样式规则定义对话框如图 12 – 29 所示。

类型：确定浏览器应如何来定位层，菜单中有如下选项。

绝对："定位"框中输入的坐标相对于浏览器窗口左上角。

相对："定位"框中输入的坐标相对于上一级元素（如同一行文字）的位置。如设置上下标等，用得较多。

注意还有其他对象时的情形。

静态：将层放在它在文本中的位置。

显示：确定层的初始显示条件。如果不指定可见性属性，则默认情况下大多数浏览器都继承父级的值。菜单中有继承、可见、隐藏三个选项其意义与层的可见性的同名属性值含义相同。

Z 轴：确定层的堆叠顺序。编号较高的层显示在编号较低的层的上面。值可以为正，也可以为负。（使用"层"面板更改层的堆叠顺序更容易。请参见更改层的堆叠顺序。）

溢出（仅限于 CSS 层）：确定在层的内容超出它的大小时将发生的情况。这些属性控制如何处理此扩展，菜单中有可见、隐藏、滚动、自动四个选项，其意义与层的可见性的同名溢出属性值含义相同。

置入：指定层的位置和大小。浏览器如何解释位置取决于"类型"设置。如果层的内容超出指定的大小，则大小值被覆盖。属性值的默认单位是像素，还可以指定为：pt（点）、in、mm、cm、（ems）、（exs）或%（父级值的百分比）。

实例：同一行文字上下偏移。

（1）在网页同一行输入文字"原始位置 位置 1 位置 2"，如图 12 – 30（a）所示；

（2）新建定位类样式".weizhi1"，其各属性值的设置如图 12 – 29 所示；

（3）新建定位类样式".weizhi2"，其各属性值的设置仅"置入"一栏的"上"参数值设为 10 像素，其他如图 12 – 29 所示；

（4）将文字"位置 1"套用样式".weizhi1"；

（5）将文字"位置 2"套用样式".weizhi2"。

编辑窗口外观如图 12 –30（b）所示，在浏览器中效果如图 12 – 30（c）所示，其技术

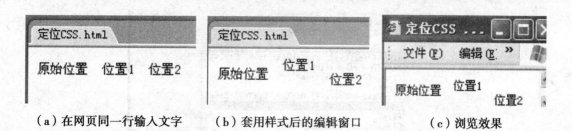

（a）在网页同一行输入文字　　（b）套用样式后的编辑窗口　　　（c）浏览效果

图 12-30　应用定位类样式实现同一行文字上下偏移

关键在于，类型设为"相对"，定义"置入"量时，要实现向上偏移，则使"上"的属性值小于 0，要实现向下偏移，则使"上"的属性值大于 0。

8. 扩展

内容较多，见下一节。

12-3　扩展——滤镜类样式

12.3.1　滤镜综述

该类样式用于为文字、图片等添加滤镜（过滤器）等特效。其规则定义对话框如图 12-31 所示。其中，"分页"一项用于控制在打印网页时遇到样式所控制的对象时，如何自动分页。弹出式菜单中选项有"之前"、"之后"、"自动"等。一般选"自动"。此选项不受任何 4.0 版本浏览器的支持，但可能受未来的浏览器的支持。对象的"视觉效果"由光标和具体滤镜属性控制。

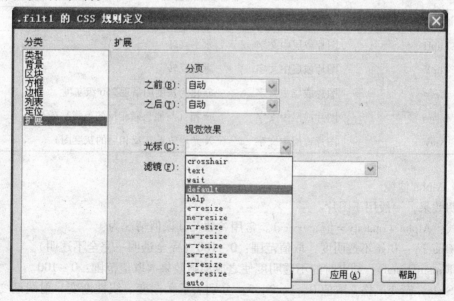

图 12-31　扩展样式的属性设置

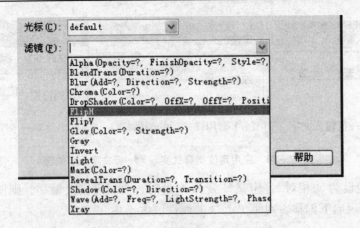

图 12 – 32　滤镜种类及其参数

　　"光标"用于控制当鼠标指针位于样式所控制的对象上时如何改变指针图像。弹出式菜单中的选项如图所示。一般可选"default"（默认）。IE 4.0 和更高版本以及 NN 6 支持该属性；

　　"过滤器"即滤镜。对样式所控制的对象应用何种特殊效果，包括滤镜名称及其各项参数值。弹出式菜单中给出了 16 种滤镜名称（可以叠加）及其各项参数（部分滤镜无参数），具体参数值需要设计者自己输入（图 12 – 32）。

12.3.2　各类滤镜及其应用

　　无参数的滤镜见表 12 – 1。注意：使用滤镜后，在网页编辑窗口并没有变化，在浏览器中方显效。实例见图 12 – 33，但多数是带参数的滤镜，包括：

表 12 – 1　不需参数的滤镜

滤镜名	适用对象	作用
FlipH	图片或层中文字	水平翻转
FlipV	图片或层中文字	垂直反转
Gray	图片或层中文字	转化为灰度图呈现 256 级灰度
Invert	图片或层中文字	反相（与原色彩相反的色彩）效果
Xray	图片或层中文字	X 光片效果（反相后的灰度图）

　　（1）Alpha 滤镜

　　透明效果，一般用于图片。

　　格式：Alpha（opacity = 值，……）。常用参数及其取值情况为：

　　● Opacity：初始不透明度，取值范围：0 ~ 100（完全透明—完全不透明）。

　　● FinishiOpacity：结束时的不透明度使之成动画效果。取值范围：0 ~ 100。

　　● Style：渐变风格，取值 0、1、2、3；分别表示无渐变、线性渐变、射线渐变、直角渐变。

　　图 12 – 34 中实例为 Alpha（Opacity = 7，FinishOpacity = 89，Style = 1）效果。

图 12 – 33　图片使用滤镜后的效果

（a）编辑窗口　　　　　　　（b）浏览窗口

图 12 – 34　Alpha 滤镜效果

（2）Blur 滤镜

模糊效果。一般用于图片。图片不必在层中。

格式：Blur（add = x，direction = y，strenth = z）

参数说明：

- add：模糊模式，说明是否在模糊效果中使用原有目标。图像取 0，文字取 1。
- direction：方向角 0°～360°，实际只按 45°角的倍数处理。默认值 270。
- Strength：强度。默认 5。越大越模糊。

图 12 – 35 中实例为 Blur（Add = 0，Direction = 135，Strength = 8）效果。

（3）Mask 滤镜

蒙板（遮罩）——文字的挖空效果。

格式：mask（Color = xxxxxx）

说明：指定颜色为外围颜色；

- 应用于文字层或图像，放于背景图片之上显效，层中不设背景色。
- 注意同时设置字体大小和滤镜参数；

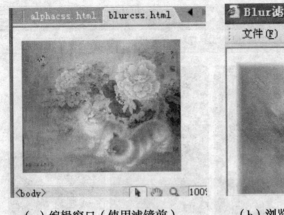

（a）编辑窗口（使用滤镜前）　　（b）浏览器窗口（使用滤镜后）

图 12 – 35　图像套用模糊（blur）滤镜的效果

- 图像最好为非矩形轮廓（gif 格式），否则只能全部透明。
- 样式要套用到层而不是层中文字。

图 12 – 36 中实例为 Mask（Color = green）效果。

（4）Shadow 滤镜

阴影效果。应用于层，其中有 gif 格式图片、文字等。

格式：shadow（Color = xxxxxx，direction = 0 ~ 360）

- direction 为方向值。从正上方开始，顺时针计算。
- 注意同时设置字体大小和滤镜参数。影子是连续的，不能偏离。

图 12 – 36 中实例为 Shadow（Color = red，Direction = 135）效果。

（5）Dropshadow 滤镜

投影效果，应用于层。

格式：Dropshadow（Color = xxxxxx，offx = x，offy = y，positive = z）

- offx、offy：纵横方向阴影的偏移量。
- Positive：取值只能为 0 或 1。分别表示为透明/不透明像素生成阴影。

图 12 – 36 中实例为 DropShadow（Color = 0099ff，OffX = 8，OffY = 8，Positive = 1）效果。

（6）Glow 滤镜

光晕（外发光）效果，应用于层（文字）。

格式：glow（color = xxxxxx，strength = 0 ~ 255）

Strength 为强度值。值较小时，易看出效果。可用于有透明色的 gif 图像。

图 12 – 36 中实例为 Glow（Color = red，Strength = 3）效果。

（7）Wave 滤镜

波纹效果。可用于文字、图像。图像不必放在层中。

格式：wave（add = x，freq = y，Lightstrenth = z，phase = q，strenth = p）

- add：是否采用波纹效果，默认 true。
- Freq：频率，出现多少波纹，正整数。

- Lightstrenth：亮度与深浅。0～100。
- Phase：偏移量（正弦波开始位置）。0～100 对用于角度0°～360°。
- Strenth：强度（振幅）。

图12－36 中实例为 Wave（Add = true，Freq = 2，LightStrength = 60，Phase = 45，Strength =40）效果。

以上滤镜无论有无参数，均为静态滤镜。此外，还有动态滤镜：

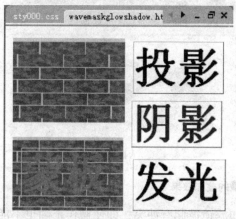

（a）编辑窗口（使用滤镜前）　　　　　　（b）浏览器窗口（使用滤镜后）

图12－36　图像套用 Wave、Dropshadow、shadow、Glow、Mask 滤镜的效果

（1）Blendtrans

淡入淡出效果，对象逐渐出现或消失

格式：blendtrans（duration = 时间值）；时间单位：秒。

（2）RevealTrans

网页过渡效果

格式：RevealTrans（Duration = x，Transion = y）。

两个滤镜中的参数 Duration：过渡时间（秒），Transion：类型或模式（0～23）

（3）Light

模拟光源投影效果。

这些动态滤镜它们与事件、行为等有关，有时需要脚本控制。

12.3.3　滤镜的叠加

滤镜的叠加即一个对象套用多个滤镜，可以得到复杂的视觉效果。但不能通过依次套用多个 CSS 样式实现。可通过编辑代码实现，也可以在"新建 CSS 规则"对话框中操作。利用对话框操作时，关键是在"扩展"对话框"滤镜"菜单中，选择一种滤镜并输入参数，其后加逗号和空格，再输入（可通过复制、粘贴）另一种滤镜及其参数。

实例：字母 ASD 的阴影（shadow）、光晕（Glow）、反相（Invert）三个滤镜叠加效果。

（1）作层，从中输入字母 ASD［图12－37（a）］；

（2）新建 CSS 样式".fil"，首先设置类型（大小、字体、颜色）属性参数，最后单击

"应用"按钮；

（3）设置"扩展"属性——滤镜输入"Shadow（Color = blue，Direction = 135），Glow（Color = green，Strength = 5）. invert"，单击"确定"按钮；

（4）将该 CSS 样式".fil"套用到层。

套用后的浏览效果见图 12 - 37（b）。

（a）　　　　　　　　　　　（b）

图 12 - 37　滤镜的叠加效果

注意：并非所有的滤镜都可以相互叠加，如滤镜彼此有冲突，即使操作正确也不能最终呈现叠加效果。如 FlipH 与 FlipV，Gray 与 Invert，Gray 与 FlipH/FlipV 等不能相互叠加。届时最后一个滤镜生效，前面的滤镜最终被置换。

12 - 4　CSS 样式的特殊定义方法

12.4.1　标签样式的重定义

定义样式时在新建 CSS 规则对话框中"选择器类型"选择"标签（重新定义特定标签的外观）"（图 12 - 38），在"标签"菜单中选择需要的标记，可以重新定义 HTML 标记的样式，其结果将产生于 HTML 标记同名而不以"."或"#"打头的样式名。进入 CSS 规则定义对话框后的操作同前。

重新定义 HTML 标记的样式可使网页中所有同一个标记的属性都发生改变，而且自动套用。图 12 - 39 中重新定义了关于超链接的 < a > 标记（12px，斜体，加粗），在编辑窗口，建立超链接之前的文本（图 12 - 40）在建立超链接后自动变形为相应样式（图 12 - 41）。

12.4.2　CSS 样式定义的高级操作

除了用"类"和"标签"定义 CSS 样式外，还可以由高级（涉及用 id 属性定义 CSS 和伪类选择器）操作实现——新建 CSS 规则时，"选择器类型"选取"高级"（图 12 - 42），方可进一步操作。

"选择器"的菜单中有以下选项，选择其一，属性设置完成后，将产生同名（以 a: 打头）的"伪类"样式名，对内联 CSS，本网页自行套用，自动改变网页超链接外观属性。

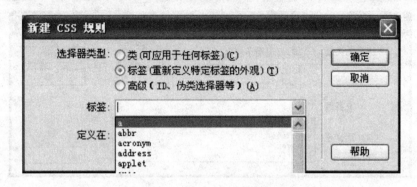

图 12－38　重定义标签对话框

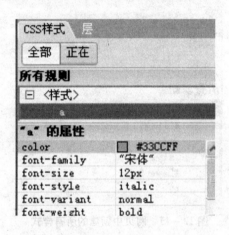

图 12－39　重新定义 a 标记后的属性

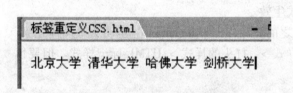

图 12－40　建立超链接之前输入的文字　　　图 12－41　建立超链接之后文本自动变化

- a：link——默认的超链接属性；
- a：visited——已访问过的超链接属性；
- a：hover——变换图像超链接的属性；
- a：active——活动的超链接属性。

　　如果不在"选择器"菜单中选择，自己输入字符，即成为"用 id 属性定义 CSS"，也可以进入"CSS 规则定义对话框"，定义名称前不加任何符号的"伪类"样式。

12.4.3　各类样式的优先级

　　在编辑网页过程中建立的各种样式均会出现在 CSS 样式面板的结构图（图 12－43）中。但未必会出现在属性面板（"样式"或"类"的菜单选项）中。

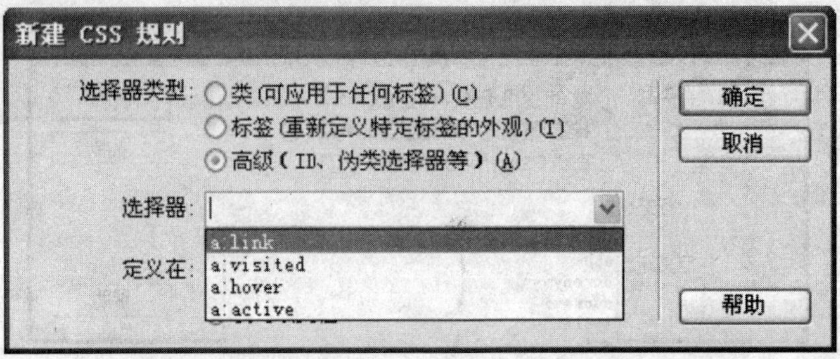

图 12 – 42　新建 CSS 规则的高级操作——重定义伪类选择器

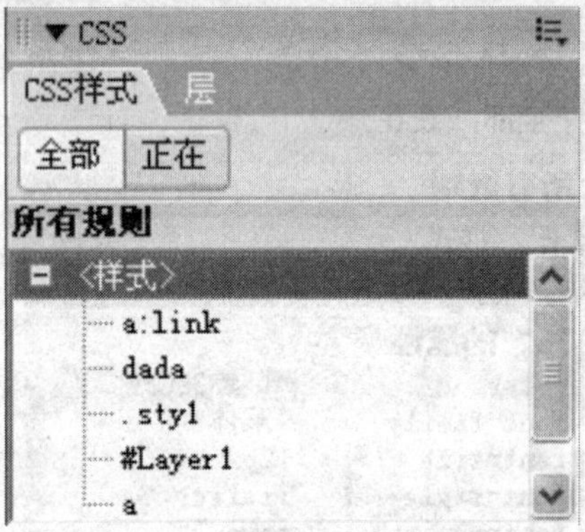

图 12 – 43　网页中新建的所有样式

　　当同一网页对象套用多个具有不同选择符的样式时，较高优先级的样式生效，而与套用顺序无关。一般地说，优先级顺序为：#打头的样式 > . 打头的样式 > HTML 标记样式；当多次套用相同级别的样式时，最后套用的样式生效。

　　但可以在 HTML 代码的样式定义（"；"之前）中以"！important"声明为最高优先级。即最终优先级顺序为：！important > #打头的样式 > . 打头的样式 > HTML 标记样式。但要慎用"！important"！因为这会打破许多规则。

12 – 5　外联样式表

12.5.1　外联样式表的建立

　　建立外联样式表有两种方法：

　　1. 在"新建 CSS 规则"对话框中，"定义在"一项选择"新建样式表文件"

　　输入样式名，如：sty1，确定后，系统显示"保存样式表文件为"对话框，选择存储路径、输入文件主名（扩展名为 . css）（如 sty）后，单击"保存"按钮，系统出现"sty1 的规则定义（在 sty. css 中）"对话框。关于样式内容的操作同前。操作后，在 CSS 面板产生相应信息（图 12 –44）。最初，统一样式表文件中只包含一个 CSS 样式，新建 CSS 样式时，可以选择"定义在"该样式表文件中或仅限本文档（网页）。一个样式表文件可以包括多个样式的定义。但内联与外联样式表中的 CSS 样式在 CSS 面板上有明显的区别（图 12 – 45）。

新建外联样式表后，该文件处于打开状态，可以切换到其编辑窗口，编辑其代码。

2. 导出当前网页中的 CSS 样式

对于当前网页中的 CSS 样式（内联样式表），可以导出为独立的样式表文件。操作时，在 CSS 样式面板中选中一个 CSS 样式，在其右键菜单或面板右上角菜单中选择"导出"命令，系统显示"导出样式为 CSS 文件"对话框，从中指定文件存储路径和文件名后，"保存"即可。

图 12 – 44　CSS 面板上的外联样式表及其 CSS 样式

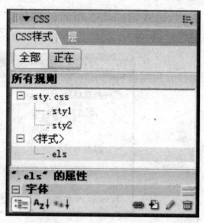

图 12 – 45　内外联样式表的样式名

导出后，源网页中的 CSS 样式依然存在。两者修改时，彼此互不影响。

12.5.2　外联样式表的应用

在网页中选中应用对象，在 CSS 样式面板右击相应 .css 文件中 CSS 样式，在快捷菜单中选"套用"即可。套用后自动建立本网页到相应样式表文件（.css）的超链接。

注意：网页新建外联样式表时，在当前网页代码（头部）中产生类似以下内容：

`< link href = "…st1.css" rel = "stylesheet" type = "text/css" >`

所以，网页的外联样式表实际上总是和网页自动建立超链接关系。网页一旦套用外联样式表中的样式，今后只要修改外联样式表中的相应内容，网页的显示效果会自动发生改变。

在 CSS 样式面板选中外联样式表文件，单击右下角按钮，可以解除两者的链接关系，近似于导出效果。

12 – 6　附加样式表

独立的外部样式表文件如果不建立与网页文件的联系就毫无意义。附加样式表——将样式表文件的设置链接或导入一些网页后应用于网页对象，不仅可以提高资源的利用率，充分减少网页设计者的劳动，而且大大有助于保证同一网站各个网页外观的一致性。可通过链接和导入两种方式进行附加。

1. 链接附加

打开基础网页，单击 CSS 样式面板"附加样式表"按钮（右下角，右四），系统显示对话框（图 12 -46）。单击"浏览"按钮，选目标 CSS 文件的存储路径，"添加为"选择"链接"，单击"确定"按钮即可。

如此操作，达到了先建立外部样式表，后建立链接的目的。结果可在 CSS 样式表面板看到被链接的外部样式表文件。选中，右击，在快捷菜单选"转到代码"，可在编辑窗口打开之。

2. 导入附加

与链接附加基本相同，只是"添加为"应选择"导入"。结果会在网页代码（头部）样式定义中产生类似以下代码：

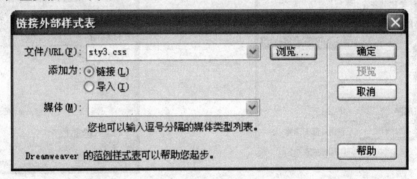

图 12 -46 链接外部样式表对话框

@ import url（"…sty3. css"）；

实际上是将外部样式作为内部样式使用。

外部样式表文件中的 CSS 样式只有通过附加才可以套用。套用方法同前。

导入外部样式表和链接外部样式表执行结果相同，但内部运作原理和过程不同。如果导入的样式表文件与其他样式表的定义有冲突，以其他样式表为准。

系统提供了一系列范例样式表，放在系统安装文件夹的 DreamWeaver8 \ builtin \ css 等路径下，可参考使用。各种样式表也有优先顺序，一般是嵌入式 > 内联式 > 外联（链接）式 > 导入式。

📁 思考与练习

1. 在 Dreamweaver 中，哪些样式可由系统自动产生？

2. CSS 的中、英文含义是什么？

3. 在网页中使用 CSS 有何意义？

4. 在"新建 CSS 规则"对话框中，通过"选择其类型"的"类"、"标签"建立的 CSS 样式有何不同？

5. 在新建样式规则定义对话框中，按用途分哪几类？叙述各类的作用。

6. 在 CSS 规则定义对话框中哪些分类的哪些属性用于控制网页文字的行间距和字间距？

7. 模仿教材图 12 - 12 效果，在网页中输入文字并呈现图 12 - 47 效果，要求标题红色字、黄色背景，均为 1.4 倍行间距。

8. 从名称标识看，样式分哪几种？哪些样式可以自动套用？

9. 在你的计算机中搜索图片，使用相应滤镜获得其透明效果，参数值自定。

10. 在你的计算机中搜索图片，使用相应滤镜获得其模糊效果，参数值自定。

11. 在你的计算机中搜索图片，制作波浪效果，参数值自定。

12. 在网页中输入文字"投影"、"阴影"、"光晕"，制作相应效果，参数值自定。

13. 制作文字"透明的玻璃板"的蒙板效果，参数值自定。

14. 定义 CSS 样式时，如何操作可实现滤镜的叠加效果？各种滤镜之间都可以相互叠加吗？

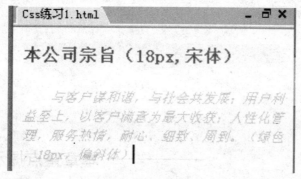

图 12 - 47　类型与背景样式练习

15. 模拟教材图 12 - 37 实例，在网页中输入文字"我的七彩梦"，制作投影、发光、反相三个滤镜的叠加效果（图 12 - 48），参数值自定。

图 12 - 48　滤镜的叠加效果练习

16. 一个网页可包括几个内部 CSS 样式？一个样式表文件包括几个 CSS 样式？

17. 一个网页通常建几个外联样式表文件？一个样式表文件可针对几个网页建立？如何使得一个样式表文件对多个网页生效？

18. 直接在网页编辑过程中编辑那里的样式表文件和从网页导出生成的样式表文件有何不同？后者有何意义？

19. 对于大型网站，内部样式、外联样式表、附加样式表哪个更有意义？为什么？

第十三章

13 网站资源的管理与利用

本章重点提示

◎ 网站资源的含义；
◎ 网站资源面板的使用。

13-1　网站资源

网站资源包括网站所拥有的图片、色彩、动画、影片、脚本、模板、库等。

网站资源通过资源面板管理，可以查看、使用、创建、编辑本网站曾使用过的资源。

13.1.1　资源面板

打开资源面板（图13-1），其左侧的按钮从上到下依次为图片、色彩、超链接、Flash 动画、shockwave、影片、脚本、模板、库，是网站资源的各种类型。选择一种类型，可在右侧窗口查看其信息。右侧窗口又分为上下两部分，下侧可显示所有同类资源的属性（名称、类型等），选中具体资源后，上侧可显示其具体内容。

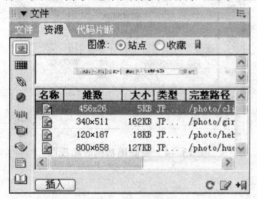

图13-1　图片资源

图13-2　超链接资源

系统对于保存到站点文件夹下的网页设计的资源会自动记录在资源面板中，当相关网页内容修改后，要得到最新资源信息，可及时单击资源面板右下角右起第三个按钮，刷新显示。

13.1.2　使用资源——添加资源或应用已有资源属性

对于图片、Flash 动画等资源，可直接插入到页面中，有以下两种复用方法

（1）从资源面板（上下窗口均可）拖到页面；

（2）在面板（上下窗口均可）选中，点击面板左下角的"插入"按钮。

要套用已有资源的属性（颜色、超链接等），可先选中页面文本，而后在资源面板（下）右击需要引用的资源，在快捷菜单中选"应用"，或通过面板右上角菜单实现。

13.1.3　编辑资源

网站已使用过的颜色和超链接等，是只用于套用的资源，是不可编辑的。此外的资源均可编辑和修改。选中资源，单击资源面板右下角的"编辑"按钮（右2）。即进入编辑状态，必要时系统会调用相关程序，如 FireWorks、Flash 等。

13.1.4　收藏资源

自动保存到站点中的资源，只按照资源的类型存放，我们也只能从面板的 URL 的"站点"模式下看到（最初在其"收藏"模式看不到任何内容）。往往较多而杂乱，不便重复使用。将常用资源放入收藏夹，可重点、分类存放，以便复用。方法：

1. 在资源面板的"站点"模式，点击右下角"添加到收藏夹"按钮，系统显示图 13 - 3 对话框。确定后即可。

2. 在面板右击资源，在快捷菜单中选"添加到收藏夹"；

3. 在页面选中资源，右击，在快捷菜单中选"添加到图像/URL/颜色收藏"。

此时在其"收藏"模式可以看到新收藏的内容（图 13 - 4）。

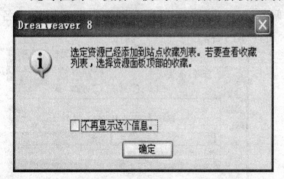

图 13 - 3　添加到站点收藏夹对话框

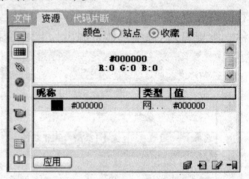

图 13 - 4　资源面板的收藏视图

13.1.5　移除收藏的资源

在面板的"收藏"视图选中资源，按下 Del 键，或右击之，在快捷菜单中选"从收藏中移除"，即可删除曾经收藏的资源（图 13 - 5）。

但站点的资源不能通过该方式移除。

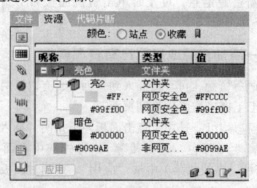

图 13 - 5　多级收藏夹

13.1.6　新建收藏夹

当站点内收藏的资源较多时，为便于管理，可建立若干个收藏夹，以便分门别类存放。

操作途径有以下几种：

1. 用按钮操作

在面板的"收藏"视图，单击右下角"新建收藏夹"按钮（右四）。

2. 右键单击

右击面板空白处，在快捷菜单中选择"新建收藏文件夹"。

3. 右上角菜单

单击面板右上角菜单按钮，在单中选择"新建收藏文件夹"。

操作后，系统立刻进入收藏夹名称编辑状态（原始名称为 untitled），输入名称，单击回车键，新的收藏夹即建立在面板中。在一个收藏夹下还可以建立其子收藏夹，可以建立多级收藏夹。

选中收藏资源，用鼠标拖入收藏夹。可将资源放入收藏夹中。如此可实现资源的分类归档存放（图 13 - 5）。

13 - 2 库

库资源用于存储各类页面元素（导航栏、表格等）作为零部件，便于被网站中的页面使用。它与普通资源的区别在于库项目更具综合性。如导航栏、表格等可以包含颜色、超链接、图像等多种信息；标题可将字体、字号、色彩、内容存入。凡是不便于以普通形式存储和复用的资源一般可以考虑以库项目的形式存储。因而对于大型网站，利用库管理网站是非常必要的。

13. 2. 1 创建库项目

创建或增加库项目是将综合性资源从页面复制到库项目中。

首先在资源面板单击"库"按钮，切换到库视图模式。选页面元素（表格等），单击面板右下角右起第三个按钮"新建库项目"，面板显示默认名称为 untitled，处于编辑状态，输入有意义的名称即可。

建立库项目后，系统会自动在站点文件夹下建立 Library 子文件夹及相关文件。每一库元素实为站点文件夹的 Library 子文件夹下的一个扩展名为 lbi 的文件。成为库项目之后就已成为一个独立的整体，在原网页中不可编辑，而且不依赖于网页而独立存在。

建立库项目之前应该先保存网页，否则系统可能有错误信息提示。

13. 2. 2 库项目的使用

就是把库项目添加到页面。在资源/库面板选中，用鼠标拖到页面或单击面板左下角"插入"按钮即可。

其结果将建立当前网页与相应 lbi 文件的链接，便于与库项目一同更新——网页依赖于库元素。

如此操作页面中插入的元素仅是一个副本，在设计视图不可编辑。可以为之附加行为。

13.2.3 库参数的选择与属性设置

添加到页面后，在属性面板操作。

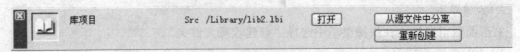

图 13 - 6   库项目的属性

单击"打开"按钮可打开库项目的 lbi 文件，以便编辑其原始属性——只有在这里可以修改其原始设置。注意：不要将库项目拖到 lbi 文件。

一般在页面刚插入库元素时，它与源文件（*.lbi）有链接关系，编辑库项目的 lbi 文件后保存，相关网页会自动更新。在属性面板选择"从源文件分离"可库元素脱离与 lbi 的文件的链接关系，可在页面编辑，库元素更新时不随之更新。但一般不执行该项操作。

"重新创建"用于以当前内容覆盖原来的库元素。如果在库中被误删，可重建；如果副本被修改（如用代码换为其他图片、改大小等），可覆盖。

13.2.4 编辑库元素并更新站点

在资源（库）面板选中库元素，单击面板右下角"编辑"按钮（右起第二个），系统会自动打开相关 *.lbi 文件，进行编辑后保存 *.lbi 文件，系统会出现图 13 - 7 对话框，一般要单击"更新"按钮。而后系统还会做出图 13 - 8 询问，单击开始或关闭，继而系统显示图 13 - 9 对话框，单击"是"即可。

图 13 - 7   更新库项目对话框

也可暂不更新，需要更新时，展开"修改"菜单，再选中"库"菜单下的"更新当前页/更新站点"命令行。

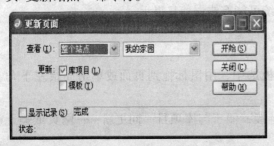

图 13 - 8   更新页面对话框

图 13 - 9   重新加载对话框

13-3　模板

模板用于将预先设置的网页布局模式或页面元素的格式保存为一个文件。此后做网页时以此文件为基础，稍作修改即可。

模板也是一种特殊的网页文件，它保存于站点根文件夹下 templates 子文件夹（第一次保存模板时，系统自动创建）中。扩展名为 dwt。

13.3.1　模板的创建

创建模板有两大类方法（图 13-10）：

1. 将现有网页另存为模板。模板中一般应包含导航栏等同一网站中各网页中共有的元素。如直接保存无实际意义，需要进一步编辑。

打开"文件"菜单，执行"另存为"命令行，系统显示"另存为"对话框，输入文件主名，在"保存类型"下拉菜单中选"模板文件 dwt"，确定即可。

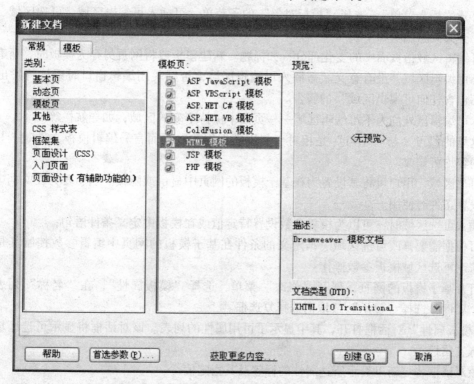

图 13-10　创建模板对话框

2. 先创建，再编辑内容。具体又有两个途径：

（1）利用文件菜单

打开"文件"菜单，选"新建"命令，系统显示新建文档对话框，在其"常规"选项卡"类别"一栏选"模板页"，在其后的"模板页"一栏选"HTML 模板"单击"创建"

按钮即可进入编辑窗口。

（2）利用资源面板

具体可有三种方法：

- 在模板模式下，单击"新建模板"按钮（右下角右3）；
- 打开右上角菜单，执行"新建模板"命令；
- 在资源面板（模板模式）空白窗口右键快捷菜单中，选"新建模板"命令；

操作后，面板右侧出现名为"untitled 的模板文件"，一般需改名。

利用方法2刚建起的模板是空模板，必须添加适宜的内容后再保存。

13.3.2 模板的编辑

建立模板是为了稍加改动生成网页，提高工作效率。无论对于新建起的模板，还是此前建立的模板，必须从中作出规定和设置，才便于使用。编辑模板，不仅需要输入一些内容，而且还要限定可编辑区域、可选区域、重复区域。

在资源面板选中模板文件，单击面板右下角"编辑"按钮（右2），进入模板的编辑状态。

打开"插入菜单"，选择"模板对象"的子菜单，可插入可编辑区域、可选区域、重复区域。有关概念说明如下：

可编辑区域指页面中的变化部分，如标题。新建模板或将网页另存为模板时，所有区域均为不可编辑区域，没有意义。需插入可编辑区域，否则关闭编辑窗口时系统将发出"此模板不包含任何可编辑区域"的警告。

除可编辑区外均为不可编辑区域——页面中保持不变的区域，如导航栏等。

这里的"可"与"不可"是相对于利用模板创建网页而言。编辑模板文件时，其中的所有内容均可修改。

可选区域，用户可将其设置为在基于模板的网页中显示或隐藏。当想要为在文档中显示内容设置条件时使用。

插入可选区域时，可以为模板参数设置特定值或在模板中定义条件语句；

可根据需要修改可选区域。据定义的条件在基于模板的网页中编辑参数控制其是否显示。修改可选区域模板参数操作：

打开基于模板的网页，展开"修改"菜单，选择"模板属性"，在"名称"列表中选择一个属性→选择"显示"或取消选择复选框。

"模板属性"对话框打开，其中显示了可用属性的列表。该对话框将显示可选区域和可编辑标签属性。

该对话框将更新以显示所选属性的标签及其指定值。

选择"显示"复选框以显示文档中的可选区域，或取消选择该复选框将其隐藏。

注意：域名称和默认设置在模板中定义。

如果想将可编辑属性一直传递到基于嵌套模板的文档，请选中"允许嵌套模板以控制此"复选框。

重复区域是可根据需要在基于模板的页面中复制任意次数的模板部分，通常用于表格（行列数等），也可为其他页面元素定义重复区域。

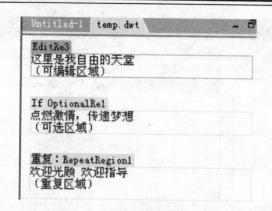

图 13－11　模板编辑窗口

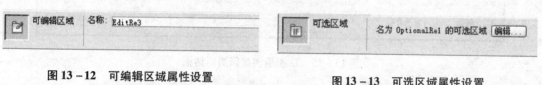

图 13－12　可编辑区域属性设置

图 13－13　可选区域属性设置

图 13－14　重复区域属性设置

重复区域默认是不可编辑区域，所以在其中一般要插入可编辑区域。

操作时，在模板中插入重复区域，退出区域的选中状态而选中其下方文字，插入可编辑区域，插入文字/列表的一个项目或表格的一行/列。

13.3.3　利用模板创建网页

有多种方法：

● 展开"文件"菜单，选"新建"，系统显示对话框（图 13－15）选模板标签，选站点，选模板，单击"创建"按钮。

● 在面板中选模板文件，展开面板右上角菜单，选"从模板新建"命令。

● 在面板中选模板文件，右击之，在快捷菜单选"从模板新建"命令。

选择"当模板改变时更新页面"，则与模板自动建立联系，最好不删除相关模板。基于已删除模板的网页保留该模板被删除前的结构和可编辑区域。要将网页转换为不带可编辑区域或锁定区域的普通 HTML 文件，需要在打开后，展开"修改"菜单，选择"模板/从模板分离"命令。修改模板和更新文档有两种方法：

打开基于模板的网页，展开"修改"菜单，选"模板"一行的"打开附加模板/编辑模板"命令，编辑后保存，在"更新页面对话框"中选"更新"。

打开模板文件，展开"修改"菜单，选"模板"一行的"更新页面"对话框（图 13－16）。

在查看下拉菜单有两个选项："整个站点"用于更新下拉列表中指定站点的所有网页；

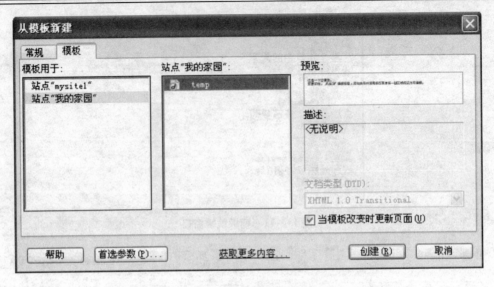

图 13-15　从模板创建网页对话框

图 13-16　"更新页面"对话框

而"文件使用"用于从列出的模板中选取后，更新相关网页。

思考与练习

1. 网站资源有哪些类型？哪些资源是系统自动保存的，哪些需要设计者专门收藏？
2. 为网站资源建立收藏夹有何意义？
3. 库元素与普通资源有何不同？
4. 为什么要创建模板？其可编辑区域、可选区域、重复区域各起什么作用？

第十四章

14 表单

————————— 本章重点提示 —————————

◎ 表单的意义；

◎ 各种表单元素的意义和属性设置——文本
　域、单选按钮、复选框、菜单、按钮；

◎ 表单数据的校验；

◎ 表单的属性设置——动作、方法。

14-1 表单的有关概念

表单是用户在网上填写数据的主要载体，是将数据上传（提交）至服务器的主要技术手段，是动态网页（如 ASP）的基础。许多网站都需要用户的参与，凡动态网页必用表单。可用于网上购物、网上调查、在线学习、网上考试等领域。往往需要服务器端的协作，但如果结果事先完全确定，亦可借助脚本实现而无需服务器端的参与。

14.1.1 在网页中插入表单

在网页中插入表单有以下途径：

1. 用"插入"菜单

展开"插入"菜单，从中选择"表单"一项的"表单"命令行即可。

2. 用"插入"面板（表单）按钮

单击"插入"面板（表单）（图14-1）的专用按钮（左一）即可。

操作后在页面一般出现红色的蚂蚁线。它是表单的标志。如不能看到该标志可展开"查看"菜单，在"可视化助理"子菜单中选择"不可见元素"，即可。

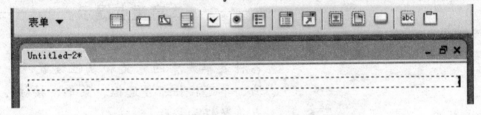

图14-1 "插入"面板（表单）及表单可视化助理

14.1.2 在网页中使用表单的一般步骤

由于表单中一般含有多个表单对象，在插入表单时，应进行一些布局处理，通常可以与表格操作结合起来，所以在网页中添加表单的一般步骤是：

1. 插入一行一列的表格，以便于调节表单所占的页面的宽度（可选）；

2. 在表格内插入表单体；

如果不插入表格直接插入表单体，其宽度将与窗口相同，而且不便编辑。

也可直接插入表单对象，在系统逐一询问时再决定是否插入表单体。直接插入表单体可免去系统的询问。

3. 插入表格并编辑，以便于各个表单元素的布局（可选）；

4. 在单元格插入各种表单对象，设置属性。

如图14-2所示，根据需要设置表格属性并进行初步编辑。注意：为便于用户明确表单中每项数据的含义，各表单元素（控件）前应该添加文字提示（标签文字），如性别、职业等。就可以在单元格中插入表单元素了。

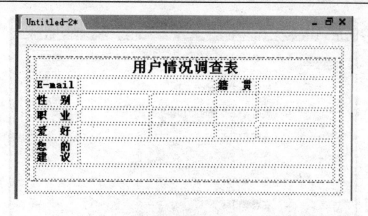

图 14 – 2 在插入表单前后使用表格布局一例

14 – 2 各种表单元素的插入

表单元素（或称控件）的种类很多。在图 14 – 1"插入"面板的表单模式中，表单体按钮右侧，可以看出至少有 13 种以上。

在对话框中，可先不输入标签文字，设置"无标签标记"

14.2.1 文本域

文本域用于客户端输入字符。"插入"面板的表单模式中左起第 2 个按钮为文本域按钮，单击之，系统显示图 14 – 3 对话框。这里，如果输入"标签文字"，可使之位于文本域（表单项）之前或之后，但不便于各表单项的对齐。故通常可在表格单元格中事先输入，而这里留空。

对于文本域，其"样式"可选择"无标签标记"。确定后，可见文本域控件已经加入到单元格中，选中，设置属性（图 14 – 4）。"字符宽度"决定了文本输入框的长度，"最多字符数"决定了可输入或接受的字符个数的限制（输入字符个数不能超过此值）。可自定义其名称（如 txt1），类型一般选"单行"。当选择"密码"时，则在浏览器窗口输入相应数据均显示为"＊"。"初始值"是输入值的默认数据，可留空。

14.2.2 文本区域

文本区域是带滚动条的一个文本输入区域。用于为用户提供输入若干行字符（如意见、建议、简历等）可以自动换行的空间。

在设计窗口，单击插入面板第四个按钮，系统显示图 14 – 3 对话框。其"样式"选"无标签标记"，确定后，文本区域即出现在页面中，默认两行。一般仅需设置其名称、字符宽度、行数属性（图 14 – 5）。当类型设为"单行"时，文本区域外观类似"文本字段"，但它没有"最多字符数"限制，所以和文本域本质不同。

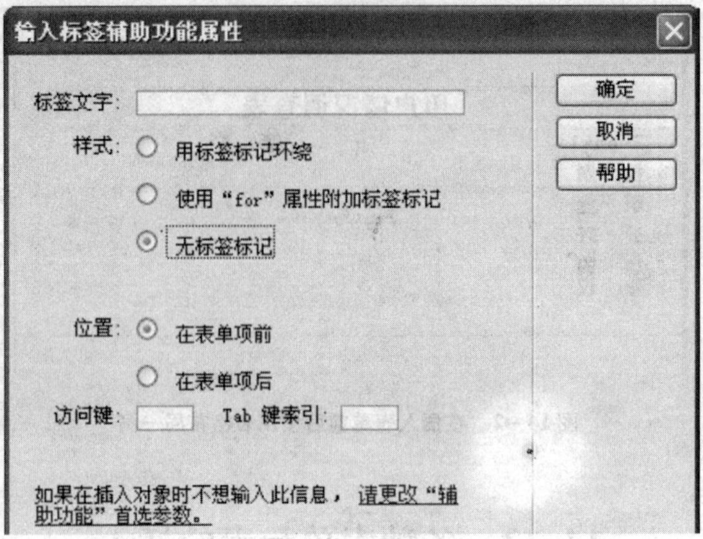

图 14 - 3 单击文本域按钮后的对话框

图 14 - 4 文本域的属性设置

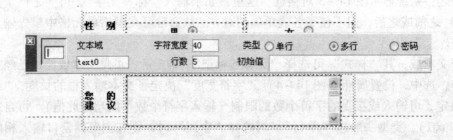

图 14 - 5 文本区域的属性设置

14.2.3 单选按钮

"插入"面板的表单模式中左起第 6 个按钮为单选按钮。单击之，系统显示类似图 14 - 3 对话框。输入标签文字，样式选择"用标签标记环绕"或"使用'for'属性附加标签标记"但选中后者更有意义。注意：当同一项数据中有两个以上互斥选项时，才使用单选按钮。同项必须同名，但不得同值。如图 14 - 6 中，性别一项，男/女选项只能用单选按钮，两个选项的名称均设为 radio1，但"男"的对应值设为"nan"，"女"的对应值可设为"nv"。若干个同名单选按钮中，初始状态只能有一个设为"已勾选"。

另外，如果设置按钮样式为"无标签标记"或"用标签标记环绕"，用户使用表单选择

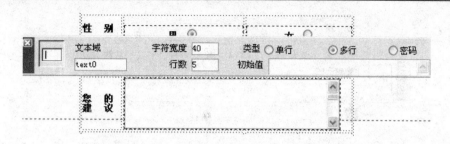

图 14 – 6　单选按钮属性设置

数据选项时，只能单击按钮选中；如果设置按钮样式为"使用'for'属性附加标签标记"，则用户既可以单击相应的单选按钮，也可以单击单选按钮旁边的文字选中之（点击标签等价于点击表单对象）。但必须编辑该按钮的 HTML 代码，使其 < lable > 标记的 for 属性值与 < input > 标记的 id 属性值相同（默认为值均为"radiobutton"，可同时修改为其他值）才能生效。例如以下代码段：

```
< td colspan = "2" > < label for = "radio1" >
< div align = "center" >女
    < input type = "radio" name = "radio1" value = "nv" id = "radio1"/>
    </div >
</td >
```

14. 2. 4　复选框

单击面板上左起第 5 个按钮。同项一数据可提供多个复选框让用户选择，用户可以选取其中的多项。设置属性时，这些复选框不得同名，更不宜对应相同的"选定值"。如图 14 – 7 中的"职业"选项的四个按钮名称依次为 check1、check2、check2、check4。其对应值为 student，worker，farmer、else。

注意：按钮样式可设置为"使用'for'属性附加标签标记"，编辑要求同前。按钮初始状态可设多个为"已勾选"。

图 14 – 7　多选按钮属性设置

14. 2. 5　隐藏域

隐藏域在浏览器中不显示，因而用户不能输入或修改该数据。但用户提交数据时数据处理程序可从中得到数据。

在设计窗口，单击插入面板第三个按钮，隐藏域即迅速插入到相应位置。只需设置其名称和值两个属性即可（图 14 – 8）。

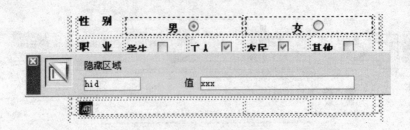

图 14 – 8　隐藏域的属性设置

14.2.6　列表与菜单

二者没有实质区别，只是外观不同。菜单即下拉菜单，在浏览器中只显示一行，单击方见全部选项。而列表可从上到下依次显示多行（未必全部）选项，当实际选项数目超出行数限制时将自动显示滚动条。

选取某单元格（如籍贯），在插入面板单击第八个按钮，系统显示图 14 – 3 对话框，"确定"后，直接插入到页面中，此时，在其属性面板（图 14 – 9）中，"类型"可以选为"菜单"或"列表"，但无论哪一类型，都必须设置"列表值"。单击"列表值"按钮，系统出现图 14 – 10 对话框。

图 14 – 9　列表与菜单的属性设置

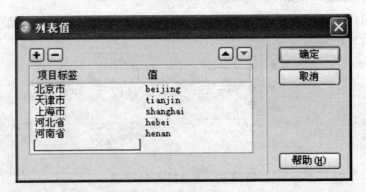

图 14 – 10　列表值对话框

从中输入各项目标签和对应值，"确定"即可。

14.2.7　跳转菜单

跳转菜单的外观与普通菜单相同，但用于选择超链接，并实现超链接。一般选择后即自动跳转到目标超链接。在插入面板单击第 9 个按钮，系统显示图 14－11 对话框。

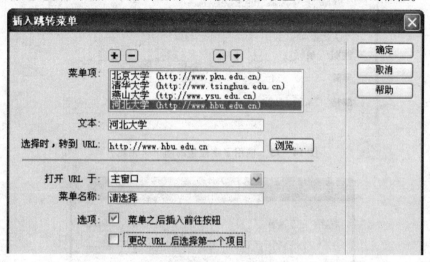

图 14－11　跳转菜单对话框

　　注意，在菜单的"选项"设置（倒数第二行），一般不必插入"前往"按钮，用户选择菜单中的某一链接后，自动跳转到目标超链接。添加"前往"按钮的意图在于用户选择链接目标后，只有单击了该按钮才实现跳转，否则可重新选择目标超链接。但按初始设置添加"前往"按钮后，仍是自动实现跳转——该按钮失去了本来意义。必须选中菜单，将其事件（在行为面板）设置为"onblur"事件，"前往"按钮方能生效（图 14－12）。

14.2.8　字段集

　　使用字段集可将表单分为几个小单元，为各单元加上边框，实现表单数据按内容分类按区域放置。仅在浏览器中预览时生效。如图 14－13 网页即使用了"个人信息"和"建议"两个字段集。操作步骤如下：

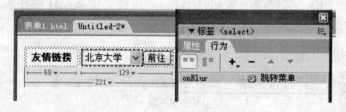

图 14－12　将跳转菜单的事件修改为

　　插入表单体，插入表格，单击"字段集"按钮（插入面板最右侧），系统显示对话框（图 14－14），输入"标签"名，确定，回车，插入表格，插入表单元素提示文字、按钮等（图 14－15）。

14.2.9　文件域

　　文件域使用户可以浏览或选择其计算机上的文件以便于将其作为表单数据上传。插入后显示一个文本框和一个"浏览"按钮，单击"浏览"按钮，用户可从自己的计算机上查找

图 14 - 13   使用了字段集的网页（预览）

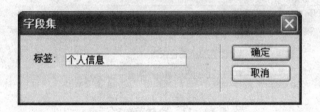

图 14 - 14   字段集对话框

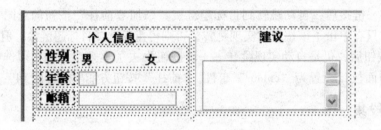

图 14 - 15   在编辑窗口插入字段集

和选择文件，之后浏览器会将文件的路径自动填写到文本框中。

单击插入面板上的"文件域"按钮（右四），可将文件域控件插在表单适当位置（图 14 - 16），在属性面板设置属性。

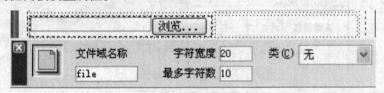

图 14 - 16   文件域及其属性

14.2.10   图像域

使用户可以在表单中插入一个图像，用于生成图形化按钮。

单击插入面板"图像域"（右起第 5 个）按钮，系统显示图像源文件对话框，选择后，出现图 14 - 3 对话框，确定后，显示在插入点，并显示其属性设置，可以"编辑图像"。

如果需要，可进一步修改代码的 name 和 value 属性值（submit/resume），使之成为"提

图 14-17 图像域及其属性

交"或"重置"按钮。

14.2.11 按钮

表单最后一般必须插入提交、重置按钮，前者用于最终向服务器提交数据，后者用于清除表单中已经输入的一些数据，以便重新编辑。

单击插入面板上的"按钮"按钮（右三），系统显示图 14-3 对话框，一般选择"无标签标记"，确定后，按钮即出现页面上。按钮上的文字（初始值）最初均为"提交"，可修改。在设置属性时注意该值表单"动作"的一致性（图 14-18）。

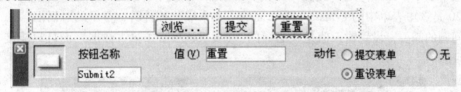

图 14-18 设置属性时注意该值表单"动作"的一致性

表单必须指定数据接收和处理程序，单击"提交"按钮才起作用，否则，单击后不执行任何操作。

按钮上的提示文字可以据需要设置为"交卷"、"上传"、"推送"、"重输"等，但其对应的值一般不宜随意改动。

在插入多个表单对象时，同一类表单对象的默认的 name 属性总是相同的，选项的值可能也相同，设计者需进行人工修改，否则可能导致提交数据混乱。

14-3 表单数据的输入与校验

14.3.1 表单数据的提前赋值

如果能够自动为表单数据赋值，使之自动获得全部或部分输入信息，无疑可以提高用户输入效率。对表单特定文本域添加"设置文本域文字"行为，可达到此目的。

单击行为面板"添加行为"按钮，选择"设置文本"菜单下的"设置文本域文字"，系统显示图 14-19 所示对话框。在"文本域"下拉菜单中选择特定名称的文本框，在"新建文本"一栏输入一些字符，确定即可。

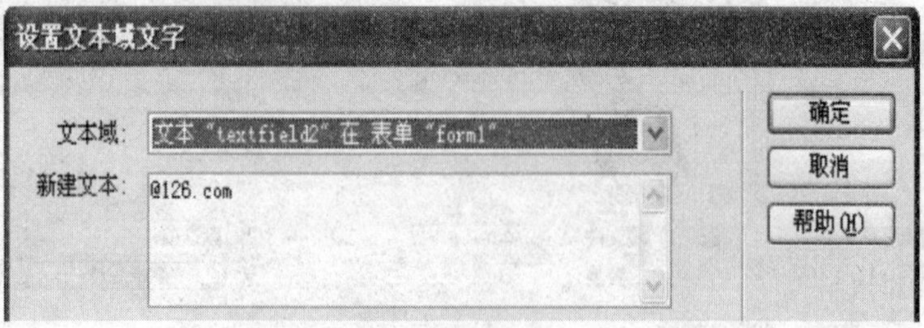

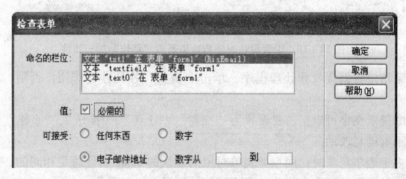

图 14-19　设置文本域文字对话框

14.3.2　表单数据的自动校验

用户填写表单时，由于多种原因会产生一些无效数据。表单数据如果不正确，提交就没有任何价值。

故在提交之前，应尽可能多的发现无效数据并告知用户重新输入。

这一功能由"检查表单"行为实现。只要有表单，为充分保障数据的有效性，就应该添加该行为。

先选中表单中的控件或"提交"按钮，再添加该行为，系统显示"检查表单"对话框。图 14-20 是选中表单中的 E-mail 一项后面的"文本域"控件时，显示的对话框。

按问题的需要，设置输入值是"必需的"（要求该项必须输入数据）而且只能接收电子邮件地址。

图 14-20　"文本域"控件的"检查表单"对话框

对于电话号码、邮政编码等数据可限制为"数字"及其取值范围等。

设置该行为后，其默认事件为"onBlur"，即离开该控件时进行表单数据校验（图14-21）。

初始错误信息为英文。为便于用户阅读，可把相应 HTML 代码相关内容修改为相应汉字，包括：

（1）'-'+nm+' must contain a number. \ n'改为''+nm+'必须是数字。\ '；

（2）' The following error（s）occurred：\ '改为'发现以下错误：\ '；

（3）'-'+nm+' must contain a number between'+min+' and'+max+'. \ n'改为''+nm+'必须是'+min+'和'+max+'之间的一个数字. \ n'；

图14-21　"文本域"数据输入异常时浏览器的警示信息

（4）' - ' + nm + ' must contain an e-mail address. \ n'改为' ' + nm + ' 必须是E-mail 地址。\ n'；

（5）' - ' + nm + ' is required. \ n'改为' ' + nm + ' 数据必须输入。\ n'。

注意：nm 是控件的变量名，由其 name 属性值决定（显然设为汉字更便于操作），这里不得改变。"nin"、"max"也不得人为改变。修改后的代码的相关部分如图 14-22 所示。其预览效果（控件的 name 属性值已经修改为"电子邮件地址"）如图 14-23 所示。

```
var 1, p, q, nm, test, num, min, max, errors=  , args=MM_validateform. arguments;
for (i=0; i<(args. length-2); i+=3) { test=args[i+2]; val=MM_findObj(args[i]);
    if (val) { nm=val. name; if ((val=val. value)!="") {
        if (test. indexOf('isEmail')!=-1) { p=val. indexOf('@');
            if (p<1 || p== (val. length-1)) errors=' '+nm+' 必须是Email地址。\ n';
        } else if (test!='R') { num = parseFloat (val);
            if (isNaN(val)) errors+='- '+nm+' 必须是数字。\ n';
            if (test. indexOf('inRange') != -1) { p=test. indexOf(':');
                min=test. substring(8, p); max=test. substring(p+1);
                if (num<min || max<num) errors+=' '+nm+' 必须是'+min+'和'+max+'
之间的一个数字。\n';
        } } } else if (test. charAt (0) == 'R') errors += ' '+nm+' 必须输入。\ n'; }
    } if (errors) alert('发现以下错误: \n'+errors);
    document. MM_returnValue = (errors == '');
```

图14-22　修改后的代码的相关部分

14-4　表单属性的设置

正确设置表单属性对于满足用户提交数据的意图，完成表单数据的最终传递，具有重要意义。

选中表单，其属性面板如图 14-24 所示。

动作：指定接收或处理表单数据的程序、文件（如 *. asp）等。页面上表单格式和内容的设计，只是客户向服务器发送数据的准备条件之一。该程序才是数据传递的关键，必须事

图 14 – 23　修改后的预览效果

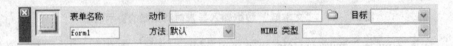

图 14 – 24　表单的属性

先设计完成，也可以发送到指定的电子邮箱。此时属性值的格式为：mailto：电子邮箱地址（如，mailto：zhangsan@ 126. com）。

方法：将表单数据传输到服务器的方法有两种：

POST：在 HTTP 请求中嵌入表单数据。

GET：将值附加到请求该页的 URL 中——地址栏中目标网址后的字符串。

默认：使用浏览器的默认设置将表单数据发送到服务器。通常为 GET 方法。

不要使用 GET 方法发送长表单，URL 的长度限制在 8192 个字符以内。如果发送的数据量太大，数据将被截断，从而导致意外的或失败的处理结果。

对于由 GET 方法传递的参数所生成的动态页，可添加书签，这是因为重新生成页面所需的全部值都包含在浏览器地址框中显示的 URL 中。与此相反，对于由 POST 方法传递的参数所生成的动态页，不可添加书签。

如果您要收集机密用户名和密码、信用卡号或其他机密信息，POST 方法看起来比 GET 方法更安全。但是，由 POST 方法发送的信息是未经加密的，容易被黑客获取。若要确保安全性，请通过安全的连接与安全的服务器相连。

MIME 类型：指定对提交给服务器进行处理的数据使用 MIME 编码类型。

默认设置 application/x-www-form-urlencode，通常与 POST 方法协同使用。

如果要创建文件上传域，请指定 multipart/form-data MIME 类型。

思考与练习

1. 表单在网页中有何意义？

2. 在插入表单和表单对象时为什么通常要使用表格？

3. 标签文字是指什么？

4. 文本域和文本区域两个控件有何不同？

5. 使用"for"属性附加标签标记有何意义？

6. 单选按钮和复选框在命名（设置 name 属性值）时要求有何不同？

7. 何谓隐藏域？有何意义？

8. 列表和菜单有何不同？

9. 跳转菜单和普通菜单区别何在？怎样使跳转菜单后面的"前往"按钮起作用？

10. 字段集起什么作用？

11. 文件域起什么作用？

12. 提交按钮和重置按钮各起什么作用？如果修改按钮上显示的文字，其功能会改变吗？

13. 如何为表单中的文本域赋初值？例如表单中有一表示邮政编码的文本域"txt1"，欲使其初值为"066004"，写出设置步骤。

14. 如何使浏览器对表单中输入的数据进行校验？例如表单中有一表示邮政编码的文本域，要确保用户输入的数据有效，且显示的错误信息均为汉字信息，如何操作？

15. 表单属性中，"动作"和"方法"起什么作用？

16. 表单属性中的"方法"属性，取值"post"和"get"有何不同？

第十五章

15 动态网页入门——ASP

―――――――― 本章重点提示 ――――――――

◎ IIS 的安装与配置;

◎ ASP 语法知识;

◎ Response 对象的 Write 方法的使用;

◎ Request 对象的 post、get 方法,Form、QueryString 集合的使用。

15-1 准备工作

动态网页可实现客户端与服务器端互动，服务器端接受客户端提交的数据，处理客户端的请求，并将处理结果及时返回客户端浏览器。

ASP（Active Server Pages）是 Microsoft 公司提出的一种动态网页解决方案，有一种服务器端指令环境——主干在服务器端执行的程序。ASP 程序无需编译，可在服务器端直接执行，而且与浏览器无关——所有的浏览器软件都支持。

15.1.1 虚拟服务器的安装与配置

网页设计者为及时预览动态网页的效果，需要将自己的计算机虚拟为 Web 服务器，以便既作客户端，又作服务器。Windows 平台需要安装 IIS（Internet Information Service）。对于 Win 2000 Professional/Win XP，只要将 Windows 系统盘插入光驱，通过"控制面板"的"添加删除程序"之"添加删除 Windows 组件"，利用"Windows 组件向导"，添加"Internet 信息服务（IIS）"，系统几乎可以自动安装完成 IIS 的安装。

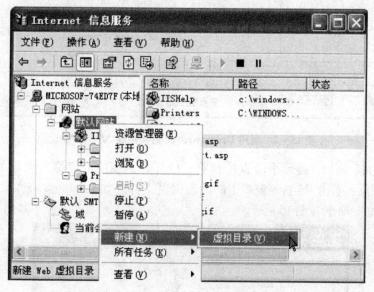

图 15-1 在 IIS 创建虚拟目录

为了正常使用 IIS，安装后还必须对其做一些基本配置。例如要指定默认站点的 IP 地址（打开 IIS 窗口，右击"默认网站"，通过快捷菜单中的"属性"命令，打开"默认网站属性"对话框，在"网站"标签下的"IP 地址"文本框中输入"127.0.0.1"）。

欲浏览各个驱动器下的网页，还必须设置虚拟目录。可通过"默认网站"的右键菜单"新建"/"虚拟目录"（图 15-1），在虚拟目录创建向导引导下，输入别名，输入真实目录，设置"读取"和"运行脚本"权限，直至完成。

15.1.2 ASP 程序的编辑与预览

ASP 程序扩展名为 asp，是纯文本文件。可选取任何一种文本编辑器编辑。使用 Dream-weaver 更便于编辑。在"新建文档"对话框的常规选项卡中（图 15 – 2）选"动态页"的"ASP VBScript"（或"ASP Javascript"）可创建 ASP 格式的文档。

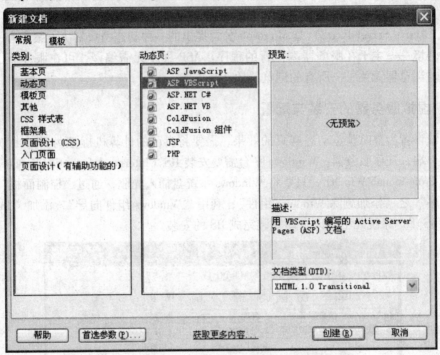

图 15 – 2 利用 Dreamweaver 直接创建 ASP 文档

但不宜通过按下 F12 键等手段直接预览。应保存到相应的虚拟目录（如 ASP1 \ asp）下，利用 IIS 预览：右击 IIS 右侧窗口中的动态网页文件（如 biaozhun. asp），在其快捷菜单中，执行"浏览"命令（图 15 – 3）。

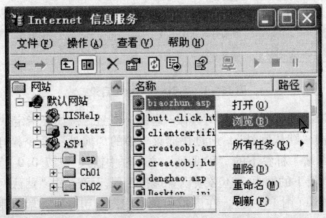

图 15 – 3 在 IIS 中预览动态网页

15 – 2　ASP 语法初阶

15.2.1　ASP 标准语法

每一 asp 网页中，都应用到 < script > 标记，要包含以下格式的代码段：

```
< SCRIPT　LANGUGE = vbscript　RUNAT = server >
ASP 程序代码
</SCRIPT >
```

其中，language 属性说明使用的脚本语言种类。可以是"Vbscript"。RUNAT = server 说明在服务器端执行。ASP 程序主要以 response. write 等方法输出结果，并返回客户浏览器。

示例 1 显示当前时刻（asp/biaozhun. asp）：

```
< html >
< head >
< meta http-equiv = " Content-Type"　content = " text/html；charset = gb2312" >
< title >标准格式 1 </title >
</head >
< body >
< script language = " vbscript"　runat = " server" >
response. Write" 现在时刻:"&Time （）
</ script >
</body >
</html >
```

其中，" " 为字符型数据的标志，& 为运算符，Time （）为系统时间函数。

15.2.2　ASP 简洁语法

为便于操作，ASP 代码段还有简洁的格式，与标准格式等价：

```
HTML 源代码
 < %
ASP 程序代码
% >
HTML 源代码
```

示例 1 可改写为（注意有背景的代码段）：

```
< html >
< head >
< title >简洁格式</ title >
</ head >
< body >
< %
response. write" 现在时刻:"&Time（）
% >
</ body >
</ html >
```

进一步地，"response. write"还可以简写为"="，一般用于输出较简单的表达式的运算结果。于是示例1又可改写为（asp/denghao. asp）：

```
< % @ LANGUAGE = " VBSCRIPT" CODEPAGE = "936" % >
< head >
< title >以等号取代 responsewrite </ title >
</ head >
< body >
< %
= " 现在时刻:"&Time（）
% >
</ body >
```

上例中，由 Dreamweaver 自建的 asp 文档，其首行会自动加上 < % @ LANGUAGE = " VBSCRIPT" CODEPAGE = " 936" % >，可省略。

15.2.3　脚本与 HTML 代码

脚本中可以嵌入 HTML 代码。例如在以下代码段（示例2）中，< b >…</ b >即为 HT-ML 代码的标记，用于以粗体字符输出。

```
……
< script language = " vbscript" runat = " server" >
response. write" 现在时刻：< b >"&time（）&" </ b >"
</ script >
</ body >
```

15.2.4　ASP 文件的执行

ASP 文件中可以同时包含在客户端和服务器端执行的脚本。在以下示例（示例3）中，斜体部分代码在客户端执行，加背景颜色部分在服务器端执行。

```
……
<title>客户端和服务器端执行脚本</title>
</head>
<body>
<script language="vbscript">
document.write"现在日期:"&date（）
</script>
<script language="vbscript" runat="server">
response.write"<br>现在时刻：<b>"&time（）&"</b>"
</script>
……
```

15-3　数据的反馈与获取——两个常用对象

15.3.1　ASP 的内置对象简介

ASP 共有七个内置对象：Application、Request、Response、Session、Objectcontext、Server、Asperror。各个对象有相应的功能和用途。有相应的属性、方法、集合。

属性用于描述对象的一些特征；方法用于说明对象要执行的动作；集合用于保存一组数据。如用户提交表单后，其中用户输入的数据可构成一个集合。

这些对象中，最为常用的是 Response、Request 对象。

15.3.2　Response 对象

作用：处理服务器反馈给客户端的信息——图像、文字等。

Response 对象的 write 方法是最常用的方法，在上述例子中已多次应用。

格式：response.write　表达式　或　response.write（表达式）

- 如 <% 和 %> 间仅一行 response.write 语句，可简写为 <% =表达式% >形式。
- 将数据反馈回浏览器时，可在表达式中加入 html 以设置数据格式。
- 如果 html 中包含"% >"，必须改写为（转义字符）"% \ >"。
- 如信息本身包含双引号，必须在其外围再加入一层双引号或单引号。
- 欲显示 HTML 代码本身（而非按其格式显示内容）必须特殊处理，应通过 Server.HTMLEncode 方法实现。

例如：显示图片、文字和当前时刻（ch05/sample2asp）。注意其中有赋值语句，有条件语句 If … Then …，并嵌入了 HTML 代码。

```
<%
'取出目前时间的小时
strHour = Hour（Time（））
If Len（strHour）= 1 then strHour = "0" & strHour
'取出目前时间的分钟
strMinute = Minute（Time（））
If Len（strMinute）= 1 then strMinute = "0" & strMinute
'结合目前时间的小时及分钟，以 < 00：00 > 形式来显示
strTime = " < " & strHour & " :" & strMinute & " >  "
'插入图片、变换字体、显示文字与时间
strTmp = " < IMG SRC = 1. gif'> < FONT FACE = 华文行楷'>大家好,"&"我是宁夕,
请多多指教!"& strTime &" </FONT >"
Response. Write strTmp
% >
```

该 ASP 程序的执行效果见图 15 - 4。

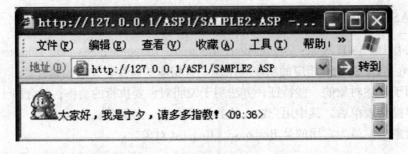

图 15 - 4　显示当前时间的动态网页

利用 ASP 可实现网页元素属性（例如文字大小）的不断改变，其核心部分是循环语句（asp/zidaxiao. asp）：

```
< % @ LANGUAGE = "VBSCRIPT" CODEPAGE = "936"% >
< html >
< head >
< title >字体大小改变 </title >
</head >
< body >
<%
dim f1，f2
f1 = 1
f2 = 5
for i = f1 to f2% >
< font size = < % = i% > >
< p >这是由 ASP 产生的字体大小的变化！</p >
```

```
</font >
< % next% >
</body >
</html >
```

预览效果见图 15 – 5。

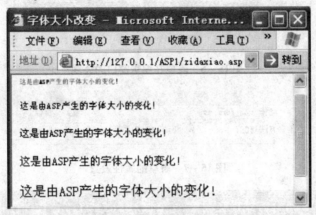

图 15 – 5　通过脚本实现文字大小不断改变

15. 3. 3　Request 对象

意义：接受客户端页面提供的信息，往往与 response 对象配合使用。

获取数据主要通过网页表单，由用户提交。

客户端表单发送数据的方法有 post、get 两种。

post 方法：数据放在 http 标头（header）发送至服务器。发送信息量大，字符可以无限多；get 方法：数据以字符串方式传送至服务器，URL 参数字符串的长度限制为 1024。

在 HTML 代码中，发送方法代码为 < form method = " post/get" … >

Request 对象的集合有 Form 集合和 QueryString 集合。

1. Form 集合

格式：Request. Form （"表单元素名"）

表单元素名即表单元素的 name 属性值。

意义：获取客户端以 post 方法发送的数据——相应元素的 value 属性值。

说明：数据值可由 Response. Write 反馈到客户端或由动态网页的变量保存以便进一步处理。

一般将表单放入静态网页中，指定其 action 属性值为某一动态网页。

也可以自我响应——表单放入动态网页，但 action 属性值必须设为该网页本身。

例 1：表单放在网页 request1. htm 内，内容如图 15 –6。其属性设置如图 15 –7。提交后由 req_ form. asp 接收并反馈结果。request1. htm 部分代码如下。

浏览情况如图 15 –8 和图 15 –9。

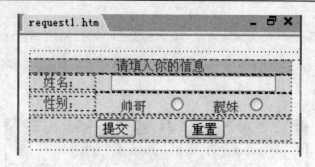

图 15－6　表单在编辑窗口的外观

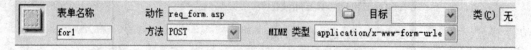

图 15－7　表单的属性设置

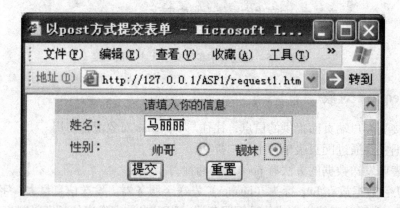

图 15－8　在表单中输入数据

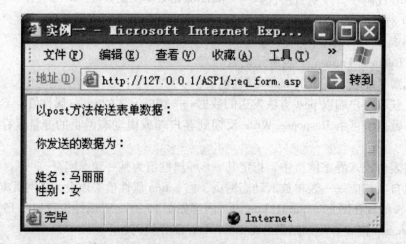

图 15－9　提交表单数据后

```
< body >
< table width = "283" height = "99" border = "0" align = "center" cellpadding = "0" cell-
spacing = "0" >
  < tr > < td colspan = "2" >
< form method = "post" action = "req_ form. asp" enctype = "application/x-www- form-urlen-
coded" name = "for1" id = "for1" >
      < table width = "268" height = "83" border = "0" cellpadding = "0" cellspacing = "0" >
        < tr > < td colspan = "2" bgcolor = "#CCCC99" > < div align = "center" class = "
style1" >请填入你的信息 </div > </td >
          </tr > < tr bgcolor = "#CCFF66" >
          < td width = "68" > < div align = "center" class = "style2" >姓名： </div >
  </td >
          < td width = "200" > < div align = "center" >
            < input type = "text" name = "txt" >
          </div > </td >
        </tr >
        < tr bgcolor = "#CCFF66" >
          < td > < div align = "center" class = "style2" >性别： </div > </td >
          < td > < div align = "center" > < span class = "style3" > 帅哥
             ； < input type = "radio" name = "rdosex" value = "男" >
           ；  ；靓妹 < input type = "radio" name = "rdosex" value = "女" >
          </span > </div > </td > </tr >
        < tr bgcolor = "#CCFF66" >
          < td colspan = "2" > < div align = "center" >
            < input type = "submit" name = "Submit" value = "提交" >
           ；  ；  ；  ；  ；
          < input type = "reset" name = "Submit2" value = "重置" >
            </div > </td > </tr >
          ……
```

接收数据的 asp 程序（req_ form. asp）代码如下：

```
< %@ LANGUAGE = "VBSCRIPT" CODEPAGE = "936"% >
<title >实例一 </title >
< body >
< p >以 post 方法传送表单数据： </p >
< p >你发送的数据为： </p >
< %
response. write "姓名:"&request. form （"txt"） &" < br > "
response. write "性别:"&request. form （"rdosex" ）
% >
</body >
```

2. QueryString 集合

格式：Request. Querystring（"表单元素名"）

意义：获取客户端以 get 方法发送的数据——相应元素的 value 属性值。

例 2：将例 1 的发送方法改为 get，采用 QueryString 集合（request2. htm）。注意按下"提交"按钮后地址栏显示的信息（即 URL 参数字符串）与采用 post 方法不同。

```
< body >
< table width = "283" height = "99" border = "0" align = "center" cellpadding = "0" cell-
spacing = "0" >
    < tr > < td colspan = "2" >
< form method = "get" action = "req_ query. asp" >
    < table width = "268" height = "83" border = "0" cellpadding = "0" cellspacing = "0" >
        < tr > < td colspan = "2" bgcolor = "#CCCC99" > < div align = "center" class = "
style1" >请填入你的信息 </div > </td >
        </tr > < tr bgcolor = "#CCFF66" >
        < td width = "68" > < div align = "center" class = "style2" >姓名： </div > </td >
< td width = "200" > < div align = "center" > < input type = "text" name = "txt" >
    </div > </td >
    </tr >
        < tr bgcolor = "#CCFF66" >
        < td > < div align = "center" class = "style2" >性别： </div > </td >
        < td > < div align = "center" > < span class = "style3" > 帅哥
          < input type = "radio" name = "rdosex" value = "男" >
           靓妹 < input type = "radio" name = "rdosex" value = "女" >
    </span > </div > </td >
    </tr >
    < tr bgcolor = "#CCFF66" >
        < td colspan = "2" >

        < div align = "center" >
            < input type = "submit" name = "Submit" value = "提交" >
                 
        < input type = "reset" name = "Submit2" value = "重置" >
            </div > </td > </tr >
        </table >
    </form > </td >
    ……
```

接收数据的 ASP 文件内容为（req_ query. asp）：

```
< % @ LANGUAGE = " VBSCRIPT"  CODEPAGE = "936" % >
< html >
< title >实例二 </title >
< body >
```

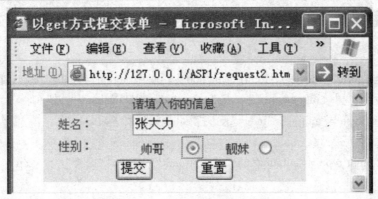

图 15 – 10　在表单网页中输入数据

```
< p >以 get 方法传送表单数据: </p >
< p >你发送的数据为: </p >
< %
data1 = request. querystring（"txt"）
data2 = request. querystring（"rdosex"）
response. write "姓名:"&data1&" < br > "
response. write "性别:"&data2
% >
</body >
</html >
```

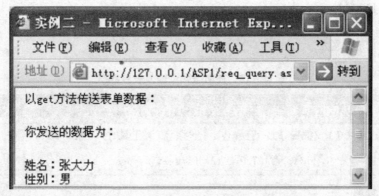

图 15 – 11　提交表单数据后有动态网页反馈结果

　　注意发送数据的方法与接收数据集合的对应关系。如果错误,必然导致接收数据错误——如得到空字符串等。为避免此类错误、简化操作,可省略集合名,直接采用 Request（"表单元素名"）接收数据。

　　上述功能是由两个文件实现的———一个普通网页文件 . htm 和一个 ASP 文件。也可以由一个 ASP 文件独立实现。其原理是将表单内容和接受程序代码放在同一个 ASP 文件中，成为自响应页面。例如，当用户在表单中填写了性别并提交后，系统自动反馈。可由以下代码实现（Self_ response2. asp），注意带背景色的核心语句：

```
……
<title>自我响应页面</title>
</head>
<body>
<form id = "form1"  name = "form1"  method = "post"  action = "self_ response. asp" >
    <p>性别：男<input type = "radio"  name = "rad1"  value = "男"/>
    女<input type = "radio"  name = "rad1"  value = "女"/>
    </p>
    <p><input type = "submit"  name = "Submit"  value = "提交"/></p>
</form>
<%
xb = request. Form （"rad1"）
response. write "您的性别为:"&xb
%>
</body>
```

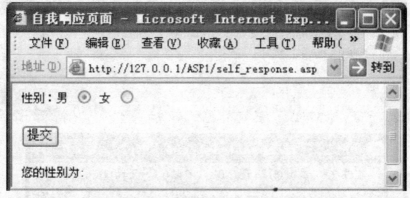

图 15 - 12   在动态网页输入表单数据

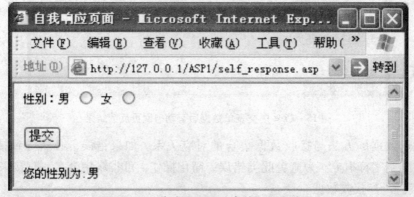

图 15 - 13   在本网页显示表单和处理结果

以上自响应页面有明显不足：提交数据后，表单仍然显示在页面上，让用户觉得似乎没有完成数据提交。而且不美观，直接影响了页面的布局。为此，在用户提交表单后，设法使表单从页面消失。其技术关键在于，利用表单中的隐藏域，由 If…Then…Else…语句控制，提交表单前，数据值为空（Empty）时，显示表单，提交后获取表单数据，并反馈信息。

现修改上述填报性别的自我响应网页，要求提交后不再显示表单仅显示反馈信息。注意代码中隐藏域的属性设置在可视化界面完成（如图 15 – 14）。整个表单的属性也通过属性面板完成（图 15 – 15）。

图 15 – 14　在网页中加入隐藏域并设置属性

图 15 – 15　设置表单的动作（action）属性

相应代码为：

```
……
< body >
< % if request. form（"hid"） = Empty then% >
< form id = "form1" name = "form1" method = "post" action = "self_ response2. asp" >
    < p >性别：男
       < input type = "radio" name = "rad1" value = "男" >
     女
       < input type = "radio" name = "rad1" value = "女" >
</ p >
    < p >
       < input type = "submit" name = "Submit" value = "提交" >
       < input name = "hid" type = "hidden" id = "hid" value = "xx" >
    </ p >
</ form >
< % else
xb = request. Form（"rad1"）
response. write "您的性别为 :"&xb
end if
% >
</ body >
……
```

如此，提交后的效果如图 15 - 16。

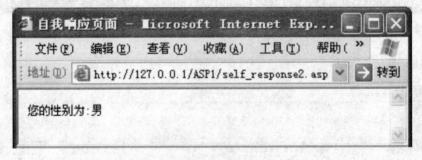

图 15 - 16 提交数据后表单消失

思考与练习

1. 做动态网页为什么要安装 IIS？如何安装？
2. ASP 文件可以用记事本或 Word 编辑吗？在保存时应该注意什么问题？
3. 利用 Dreamweaver 编辑动态网页有何益处？
4. ASP 文件在客户端还是在服务器端执行？编辑完 ASP 文件后怎样预览？利用 Dream-

weaver 编辑动态网页后，可以按下 F12 键预览吗？

5. ASP 文件中常有 " < script language = " vbscript" runat = " server" > " 一句，说明其意义？这一句代码可以写在普通网页文件 ∗ . htm 中吗？ " < script language = " vbscript" > " 代码可以写在 ∗ . htm 中吗？可以写在 ∗ . asp 中吗？

6. 代码 < %……% > 与 " < script language = " vbscript" runat = " server" > …… </ script > " 有何关系？

7. 要将表达式的运算结果反馈到客户端浏览器，应该使用什么对象的什么方法？

8. 接收表单的数据时，采用 post 方法和采用 get 方法有何不同？

9. 接收表单的数据时，采用 Form 集合和采用 QuestString 集合方法有何不同？

10. 什么是自我响应页面？其制作关键是什么？

实验指导书

实验 1　特色网页欣赏与软件界面控制

一、特色网页的浏览

1. 浏览课件中曾演示的特色网页；看它们有哪些特色。

2. 浏览以下链接中的网页（图片），看它们有哪些特色：

- http：//www. k1982. com/design/152753. htm
- http：//it. shangdu. com/a/9055801. shtml
- http：//www. ooopic. com/vector/2009 − 5 − 6/530096. html
- http：//www. cg3000. com/html/cgAppreciation/Website/20070901/jingmeiguowaiwangye-shejixinshang_ 22448. shtml
- http：//www. flyfishs. com/news. asp？ id = 4751
- http：//it. 114study. com/webdesign/article427277. html
- http：//www. 52design. com/html/200905/design2009520114834. shtml

二、IE 浏览器界面控制

1. 在 Dreamweaver 中打开班级公共邮箱中"恋爱成功率调查"、"计算器"等网页。（按下 F12 键）分别预览之。

2. 如果不能看到交互效果，是什么原因？如何设置才能看到？

3. 打开河北科技师范学院主页，浏览之，如果不想浏览其中的图片、动画如何设置。设置后，刷新页面，观察效果。

4. 如果又想浏览图片和动画，如何操作？

三、DreamWeaver 界面控制

1. 文档、标准工具栏的显示与隐藏

2. 文件面板的显示、移动、隐藏

3. 窗口右侧面板的折叠

4. 属性工具栏、插入工具栏的显示与隐藏

5. 属性工具栏的移动与折叠

6. 插入工具栏的几种形式

7. 代码视图、设计视图、拆分视图模式的意义与相互转换

- 在设计视图不作任何操作，切换到代码视图，观察其中已包含哪些代码？

思考：一个空白网页，其中是否不包含任何代码？

- 在设计视图输入一些文字，再次切换到代码视图，观察有哪些变化。注意其中的几个标记 < HTML >、< body >、< p > 的格式和意义。

思考：网页的 HTML 代码是如何产生的？

8. 标尺的显示、隐藏与属性设置

9. 辅助线的显示、隐藏与属性设置

10. 网格线的显示、隐藏与属性设置

11. Dreamweaver 工作参数的设置

- 是否显示起始页
- 是否可使用连续空格
- HTML 代码字号设置
- 浏览器预览设置（主次浏览器、是否用临时文件预览）

四、文件操作

1. 新建网页文件（＊.htm）；

2. 保存网页文件（＊.htm）；

3. 打开网页文件（＊.htm）；

4. 关闭网页文件（＊.htm）。

实验 2　站点管理与页面属性

一、新建站点操作

1. 新建一个站点（名称自定），将所对应的根文件夹设在自己的 U 盘，在其中建几个子文件夹（应包括专门放置图片的文件夹）备用。

2. 在网上搜索一些小幅、字节数较小的图片，复制到你的图片文件夹中备用。

二、按照站点规划要求完善你的站点

可新建几个站点，在几个站点之间跳转。

- 在已有站点建立几个文件夹（例如：page、text、img、doc、data、musi、mov、else 等）。
- 在每个文件夹中放入一些基础文件（如在 img 文件夹放入一些图片）等。
- 在主要文件夹（如 page）中放入一些网页，按一定规则命名。
- 必要时调整文件或文件夹所在的位置（路径）。注意有更新链接提示。

三、站点的视图管理

- 新建一个网页文件，命名（保存）为 index.htm。
- 找到文件面板，切换到地图视图，系统显示怎样的信息，为什么？
- 切换到本地视图，将 index.htm 设为"首页/主页"。
- 重新切换到地图视图，系统显示怎样的信息。

四、页面属性设置

- 新建一个网页，设置默认字体、字号、网页背景色、背景图片、页边距。

- 设置背景音乐（例如：溜冰圆舞曲．mp3 或：渔舟唱晚．mp3）。
- 预览网页，试听背景音乐。
- 设置网页标题。例如：欢迎光顾本网页。

实验3　文本及其属性

一、网页中字体属性设置

- 在网页中输入文字，为其选择字体、字号、颜色等。注意对于同一批文字设置多种字体（编辑字体列表）的意义。
- 预定义格式（预格式化）操作。

二、文字列表的编辑

- 有序（编号）列表的输入及其序号级别、样式的改变。
- 无序（项目）列表的输入及其序号级别、样式的改变。
- 定义列表的建立。

三、普通文本超链接的建立

- 输入下表中的基础文字，用菜单、快捷菜单、属性工具栏等多种方法建立相应的超链接。

基础文字	链接目标网址
北京大学	http：//www. pku. edu. cn
清华大学	http：//www. tsinghua. edu. cn
牛津大学	http：//www. ox. au. uk
哈佛大学	http：//www. harvard. edu
莫斯科大学	http：//www. msu. ru
东京大学	http：//www. u-tokyo. ac. jp
人民网	http：//www. people. com. cn
淘宝网	http：//www. taobao. com
土豆网	http：//www. tudou. com
中国银行	http：//www. boc. com

四、文本超链接的其他形式

- 文字链接到图片

- 文字链接到声音（音乐）文件
- 文字链接到视频
- 文字链接到动画
- 文字链接到 Word 文档
- 文字的电子邮件超链接（参见本书 p48 第 5 题）
- 文字的书签超链接（参见本书 p48 第 6 题、第 7 题，另外链接到网页开头第一行）
- 文字的脚本超链接（链接到警示框、虚拟链接等，参见本书 p48 第 8 题）

实验 4　图片及其超链接

一、网页中图片的插入与编辑
- 在网页中插入几幅图片
- 调整图片的视觉尺寸
- 调整图片的对齐方式
- 调整图片与其他对象的间距
- 裁剪图片，减小其实际尺寸
- 调整图片的对比度或亮度
- 图片的超链接

二、图像占位符设计

三、图像映射的建立（参见本书 p61 第 8 题）

四、制作鼠标经过图像效果（参见本书 p61 第 9 题）

五、制作导航条（至少 5 组图片，纵横排列均可）

六、在网页中插入 swf 动画

实验 5　表格与布局表格

一、表格的插入

- 在网页中插入表格，其参数如下，输入表头文字。

行数 4，列数 5，宽度 450 像素，边框 8，边距 4，间距 6，无页眉，标题：学生情况调查表。

姓名	性别	是否团员	年龄	籍贯

二、表格的一般编辑

- 将以上表格参数做如下修改，注意观察表格外观的变化，理解各参数的意义。
宽度 70%，边框 3，边距 1，间距 2。
- 将表格边框设为 0，在浏览器中观察效果，再撤销本操作。
- 在各单元格输入相应信息，观察表格各单元格宽度的变化。
- 为表格设置背景色为浅蓝色。
- 为表格设置绿色边框。
- 为表格设置背景图像（自选），观察图片尺寸不同时效果的变化。
- 选中整个表格，选择相应按钮，清除行高，清除列宽。

三、表格特殊属性的设置

- Frame 属性：将上述表格改为左右（或上下）开口（不显示边线）的表格。
- Rules 属性：将上述表格改为只显示表格横线。
- Bordercolorlight/Bordercolordark 属性：设置左上角为浅蓝色、右下角为深蓝色，有立体感的表格。

四、表格行列编辑

- 在尾部增加 3 行
- 在右侧增加 2 列
- 删除刚增加的 2 列
- 选中表头那一行，将文字改为蓝色、黑体
- 选择几个不连续的单元格，添上相同的背景色

五、表格数据的排序

- 对以上表格输入相应内容，分别按姓名、年龄排序，观察数据的变化情况。

六、表格的格式化

- 将上述表格套用为 Simple4 格式，各行的颜色、字体等属性自定；观察显示效果后，撤销操作。
- 将上述表格套用为 Altrows：earth colors 格式，各行的颜色、字体等属性自定；观察显示效果后，撤销操作。
- 将上述表格套用为 Dblrows：Light green 格式，各行的颜色、字体等属性自定；观察显示效果后，撤销操作。
总结：Dreamweaver 中的套用格式分哪几类，各有何特点？

七、表格数据的导入与导出

- 导出上表数据，定界符选 tab，换行符为 windows。导出到桌面上，主名命名为 ex1，看一下扩展名是什么，打开该文件，查看其内容，比较和页面有何不同？

- 再次导出上表数据，定界符选"空白键"，换行符为 windows。导出到桌面上，主名命名为 ex2，看一下扩展名是什么，打开该文件，查看其内容，比较和页面有何不同？
- 再次导出上表数据，定界符选"空白键"，换行符为 windows。导出到桌面上，命名为 ex3.txt，打开该文件，查看其内容，比较和页面有何不同？和以上两种有何不同？
- 尝试，可以将表格数据导出为 Word（doc）格式吗？
- 将以上三种格式文件分别导入网页，注意定界符要与导出时相一致。观察导入后的效果。

总结：表格数据可以导出为哪些格式？导出数据有何意义？

八、表格在布局方面的应用

- 长篇文本的分栏：输入或复制粘贴任意字符 20 行以上，并在最上面给出标题。通过表格将标题左右通栏对中显示，正文分成左右两栏，而后使表格处在页面中部。注意表格的合并、拆分，不显示表格线。
- 图片和文字的混排：

删除以上表格，在网页中插入图片，而后在图片右侧输入文字，观察对齐情况。继续输入大量文字，注意：图片能和多行文字对齐吗？如果不是用表格，图片只能和几行文字对齐？

插入 3 行 2 列的表格，左侧单元格放置若干行字符，右侧单元格放置图片，可以彼此对齐吗？

尝试一下，拖动文字或图片到其他单元格，可以吗？

- 装饰：

绘制类似以下表格，注意左上、右下角色块的使用效果。

	tyty	pipip
asas	12121	741258
xzxz	7878	896321
mnmnmn	963993	

当页面内容较少时，在表格边缘一角（如左下角或右上角）插入尺寸很小的图片，注意其装饰作用。

总结：表格在布局方面的意义。

九、布局表格操作

- 插入普通表格，进行单元格的拆分与合并操作。体会一下，拆分和合并可以做到随心所欲吗？
- 将页面切换到布局模式。注意观看提示信息。
- 插入布局表格，注意其横向尺寸不宜超过屏幕宽度。

- 绘制布局单元格，用鼠标或光标移动键调整其位置和尺寸。
- 当两个布局单元格距离很近时，绘制第二个布局单元格会发生什么现象？如何防止该现象的发生？
- 调整各单元格的位置尺寸，为其插入适当内容。如网页 Logo、标题、图片、正文等。
- 切换到标准模式，分析布局表格的实质。
- 怎样使布局表格在页面居中？

总结：与普通表格相比，布局表格有哪些优势？在网页布局中应该大量使用普通表格还是布局表格？

实验 6　框架

一、浏览实例

浏览教师发送到公共邮箱中的框架网页 kuangjiashili. html，分析体会它们有几个网页、哪些文件组成。搞清框架数量与网页数量的关系。

二、新建框架

利用插入面板新建框架集，增减框架数量。利用框架面板定义各个框架的名称（如 top、left、right、main 等）。

利用修改菜单新建框架集，增减框架数量。

三、框架及框架集属性的设置

- 设置是否显示框架边框
- 设置框架边框的颜色和粗细
- 设置边界是否可调整
- 设置是否显示滚动条

四、编辑无框架内容

根据需要自己编辑当浏览器不支持框架技术时应该显示的网页内容。

五、网页的保存

在每个框架网页中添加适当内容，并设置各网页的属性（背景色、默认字体、边距等），而后在文件菜单选择"保存全部"，为各个框架（集）网页命名。

六、指定超链接的目标框架

在自己设计的框架集的某个框架网页中，建立多个文本或图片超链接（可链接到一些著名网站），分别指定目标框架为_ blank，_ self，_ top，_ parent 和自己定义的框架名称（如上述 main 等），按下 F12 浏览各个超链接的效果。

七、总结

- 与表格（布局表格）相比，网页布局有哪些特点？有哪些优势？有哪些局限性？
- 你认为利用框架布局如何扬长避短？

八、实例练习

建立上下两个框架（上窄下宽），上边只放 Logo、图片式条幅（长度很大、高度很小的图片）和导航文字（一个表格内有若干行超链接文本），两框架的属性及其名称可自定。下框架最初只显示一些网站介绍之类的文字，用户单击超链接目标时，则用于显示被连接目标的内容。试完成这个小型网站。

实验7 层

一、新建层

- 利用"插入"菜单，新建一个层。注意建立后的位置和长宽尺寸。
- 利用"插入"面板（布局）的"绘制层"按钮，在页面拖动鼠标，绘制一个层。
- 两操作结果有何不同？

二、层的 HTML 代码

选中刚刚绘制的某一个层，切换到代码视图，观察新增加了哪些代码。HTML 中的层标记是什么？除了在 < body > 标记内增加了层标记一行外，在文件头标记 < head > 内还增加了什么内容？

三、认识和编辑层的属性

- 新绘制三个层，分别命名为 layer1、layer2、layer3，注意上下顺序。
- 分别设置其长、高尺寸、修改各自名称。
- 如何利用属性面板修改层的层位（上下层）顺序？
- 利用"层"面板，修改层的层位（上下层）顺序。
- 设置层的背景色。
- 如何取消刚设置的层的背景色？
- 修改编辑参数，重新设置默认的层的大小和背景色。而后用插入菜单和"插入"面板（布局）的"绘制层"按钮绘制层，与未作此设置前有何变化？
- 在层中输入任意字符，分别设置其可见性属性是"default，visible，inherit，hidden"观察该层的显示有何变化。
- 绘制一个新层 layer10，再按下 Alt 键再绘制一个新层 layer11，注意这两层在"层"面板上显示的情况——父层与子层的关系。
- 继承（inherit）属性的意义：分别设置 layer10 层的可见性属性是"default，visible，

hidden"，而后设置 layer11 层的可见性属性是"inherit"，观察两个层的显示情况是否一致，为什么？

四、两个特殊属性

- 绘制一个层，在其中插入图片，减小该层的宽度尺寸，使之小于图片宽度，在编辑窗口的图片被裁掉了吗？是否仍然完整显示？
- 进一步分别设置该层的"溢出"属性为"visible，hidden，scroll，auto"，在编辑窗口图片的显示情况有变化吗？
- 按下 F12，浏览网页，图片的显示情况有变化吗？
- 设置层的剪辑属性：注意上下左右四个值的关系（右＞左，下＞上），注意图片的显示情况有何变化。

五、多个层的编辑

- 绘制多个层，进行激活、单选、移动、多选、删除练习。
- 选择多个层，利用修改菜单操作，使它们的宽、高尺寸相同。
- 选择多个层，利用修改菜单操作，使它们重叠（先左对齐、再沿上沿对齐）。

六、利用层制作以下实例：

1. 立体效果的文字，如"立体效果"四个字，使之以立体效果显示。
2. 多个长宽尺寸相同的图片（见邮箱附件），单击上一张即显示下一张。
3. 在网页中插入一个图片，鼠标移入时即在图片右侧自动显示该图片的说明信息，移出后该信息又会自动隐藏起来。
4. 多级菜单效果（做第一级菜单要有超链接），参见讲义 P84 页第 12 题。

实验 8　时间轴

一、认识时间轴面板

打开时间轴面板，认识行为通道、帧标尺、动画通道，认识当前帧指针、播放进程控制按钮（前进、后退、退到开始），播放参数设置选项。

二、时间轴动画的创建和基本控制

- 在页面绘制一个层，里面插入图片，调整层的长度、高度尺寸，使之恰好放入图片。
- 分别利用右键菜单、鼠标拖动、"修改"主菜单操作将该层添加到时间轴。
- 此时在时间轴 timeline1 的动画通道上，增加了多少帧？哪些帧是关键帧？哪些帧是普通帧？
- 选第一帧为当前帧，按下播放进程控制按钮"前进"，观察当前帧的变化，此时图片有移动吗？为什么？

- 选第 15 帧，按住左键向右拖动到第 30 帧松开，而后选中层，将其移动较大距离到一个新位置。而后再选第一帧为当前帧，按下播放进程控制按钮"前进"，观察当前帧的变化，此时图片有移动吗？判断一下，这一段动画可播放几秒钟？
- 按下 F12，在浏览器中预览，可以看到动画效果吗？为什么？
- 要想在浏览器中看到刚才的动画效果，应该设置哪一个播放参数？设置后再次预览。测试一下自己当初预计的播放时间是否正确。
- 对刚才这一段动画，要加快/减慢动画播放速度，或减少/延长播放时间，怎么办？有几种做法？

三、帧、通道的编辑

- 删除普通帧：右键单击动画通道中某普通帧（选中），在菜单中选择"移除帧"，观察该动画总帧数的变化。
- 添加普通帧：右键单击动画通道中某普通帧（选中），在菜单中选择"添加帧"，观察该动画总帧数的变化。
- 将普通帧转化为关键帧：将播放指针移到中间某普通帧，右键单击，在菜单中选择"增加关键帧"，观察该动画通道上的标志有何变化。总帧数增加了吗？
- 将关键帧转化为普通帧：右键单击上面的关键帧，在菜单中选择"移除关键帧"，观察该动画通道上的标志有何变化。总帧数减少了吗？
- 复制动画：右键单击动画通道中间某普通帧，在菜单中选择"拷贝"。
- 粘贴动画：左键单击本通道右侧某空白帧，再用右键单击，在菜单中选择"粘贴"，观察该动画通道上的标志有何变化。再将第一帧设为当前帧，播放该动画，观察效果。复制的这一段，可以用左键拖动到其他动画通道吗？
  尝试一下，可以粘贴到（或拖动到）低于原动画最末帧之前的空白帧吗？为什么？
- 删除动画：左键单击动画通道上的动画片段，再右键单击之，在菜单中选择"剪切"或"删除"，该动画片段在动画通道中还存在吗？

四、动画的重复播放及其参数设置

- 绘制一段直线移动动画，选中"自动"和"循环"复选框，观察在时间轴面板的行为通道有何变化——在哪一帧添加了"重复播放"行为标志？
- 在 IE 浏览器中播放，观察可重复播放多少次，从哪一帧开始重复的？
- 改变重复播放参数：打开行为面板，单击行为通道中的"重复播放"标志，观察行为面板的变化。
- 双击行为面板中"转到时间轴帧"，在新出现的对话框中前往帧、循环文本框输入相应数字，单击"确定"按钮，再次浏览该网页，观察效果是否与自己的意愿相符。

五、各种动画的编辑

在层中插入文字或图片，完成以下相应动画。
1. 绘制直线动画。
2. 将以上动画修改为曲线动画。

提示：需要增加关键帧并修改这些关键帧在页面中的位置。

3. 绘制任意路径动画。

4. 绘制折线动画。

提示：若干个直线动画的组合。

5. 绘制显隐动画。

提示：需要增加关键帧并修改这些关键帧的"可见性"属性。

6. 绘制图片缩放动画。

提示：用背景图片，或在层中插入图片后，正确设置其"溢出"属性。

7. 制作幻灯片——图片依次自动播放效果。

绘制多个层，里面插入尺寸相同的图片（如若干个邮票），而后使这些层长宽尺寸相同，并重叠放置，而后自上而下依次选择这些层，分别放入动画通道，使每一个动画片段的帧数相同，并使每一个（最后一个除外）片段的最后一帧的"可见性"属性设为"hidden"。

六、改变时间轴动画中的角色——层对象

1. 在页面插入一个层，里面插入一幅图片。

2. 插入另一个层，里面插入另一幅图片。

3. 将前一个层制作成时间轴动画（如直线移动动画），播放之。

4. 将该段动画中的层，改为前一个层的内容，要求动画效果不变，播放之。观察与原动画的异同。

七、时间轴的编辑

1. 增加时间轴

新设置一个时间轴，自动命名为 timeline2。

2. 改名时间轴

将以上新设置的时间轴改名为 zhixian。将 timeline1 时间轴改名为 yuanyou。

3. 删除时间轴

删除新增的时间轴 zhixian。

实验 9　行为

一、认识行为面板与行为实质

- 利用"窗口"菜单或同时按下 Shift 和 F4 键，打开行为面板。
- 单击"显示所有事件"、"显示设置事件"按钮，注意观察分别显示哪些内容。
- 单击"添加行为"按钮，在菜单中找到"显示事件"命令行，从下级菜单中选择"IE6.0"，重新单击"显示所有事件"、"显示设置事件"按钮，注意观察显示内容与前一次操作显示结果有何差异。

- 在页面分别添加层 layer1 和 layer2，分别向层中添加内容（文字或图片），利用前面所学知识，制作鼠标移入 layer1 就自动隐藏 layer2 的效果。
- 选中 layer1，注意层面板，重新单击"显示所有事件"、"显示设置事件"按钮是否有变化？
- 选中 layer1，切换到代码视图，注意刚才的操作在代码中（特别是＜head＞标记中的＜script＞标记）添加了哪些代码？
- 总结：网页设计中行为的实质是什么。
- 在设计视图删除这两个层，再次切换到代码视图，其 HTML 代码有何改变？
- 利用行为面板，删除以上行为。

二、添加"交换图像/恢复交换图像"行为

- 在页面插入一个图像，选中，在属性面板为其命名，如"imag01"，直接在行为面板为其添加"交换图像"行为，在下面产生的对话框中，选择"预先载入图像"而不选中"鼠标滑开时恢复图像"，按下"确定"按钮，在 IE 浏览器预览之。测试鼠标移入移出时的效果。
- 删除该行为，重新添加"交换图像"行为，这一次选中"鼠标滑开时恢复图像"。预览，观察效果与上次有何不同。

三、添加"弹出信息"行为

- 不选中任何网页对象，直接添加"弹出信息"行为，在"弹出信息"对话框中输入"近期本网站发现一些病毒，给用户造成一些损失和不便，敬请谅解。"确定，观察行为面板的变化。在默认情况下，浏览此页面时，什么事件触发"弹出信息"动作？浏览该网页，验证你的判断。该事件一般应改作什么？
- 欲修改弹出信息的内容，在原有信息尾部增加"本网站正在尽快处理。"如何操作？

四、打开浏览器窗口行为

- 首先编辑一个网页，如为其添加内容"重要通知：……"，保存命名为 no1.htm，关闭，而后为当前网页添加"打开浏览器窗口"行为，使得打开本网页时，首先在浏览器窗口自动显示 no1.htm 的内容，要求窗口宽、高各为 350 像素，一般不显示工具栏，只在必要时显示滚动条。窗口名称为"重要通知"，试实现之。

五、改变属性行为

- 在页面添加以图片，在浏览器窗口浏览时，单击可使其宽度、高度各增加一倍。试实现之。
- 在页面输入蓝色文字，在浏览器窗口浏览时，单击可使其变为红色，试实现之。

六、设置状态条文本

- 浏览网页时，在其状态栏显示"欢迎光顾本网站"字样，试实现之。

七、显示弹出式菜单

在网页中插入图片，仿照讲义 P96 页，为其添加弹出式（垂直式或水平式）菜单。

实验 10　CSS 样式、内联样式表

一、CSS 样式的生成与选用

* 在页面输入文字，设置其字体、大小、颜色、粗体，观察属性面板"样式"下拉列表框的变化。其中是否出现了"style1"字样？

* 选中刚才输入的文字，切换到代码视图，阅读关于"style1"样式的有关代码（<style>标记中". style {……}"和<span>标记）。

* 再次切换回设计视图，输入文字，观察其字体、大小、颜色等属性，与前面的文字是否一致？这说明什么？

* 将刚才输入的文字改为另外的字体、大小、颜色等，观察属性面板"样式"下拉列表框的变化。系统是否新建了另一样式"style2"？

* 切换回设计视图，阅读关于"style2"样式的有关代码。

* 选中刚才输入的文字，而后在属性面板的"样式"下拉菜单中选用"style1"，文字的属性发生了什么变化？

* 将以上两次输入的文字删除，观察属性面板的"样式"下拉菜单中原有的样式"style1"、"style2"还存在吗？再切换到代码视图，查看其有关样式说明代码还存在吗？

* 在页面建立一个层，设置其属性。

* 选中，切换到代码视图，观察其相应的代码。

* 打开 CSS 样式面板，单击"全部"标签，单击"所有规则"下面"<样式>"前面的"＋"，观察你已经建立了哪些样式。其中有你此前想通过删除页面文字将其删除的 CSS 样式吗？

* 在"CSS 样式"面板选择（单击）一个样式（如". layer1"或"#style1"），单击"正在"标签，阅读关于样式的代码。

* 在"CSS 样式"面板选择（单击）一个样式，删除之。切换到代码视图，查看其有关样式说明代码还存在吗？

二、总结

1. 在 Dreamweaver 中，哪些情况下系统会自动建立样式？
2. 其样式的自动命名规则是怎样的？
3. 使用样式后的代码是怎样的？
4. 建立样式有何意义？
5. 删除文字内容会删除原有的样式吗？要想彻底删除 CSS 样式，应怎样操作？

实验 11　CSS 样式设计

一、文本（段落字符）类样式

- 在页面输入文字，暂不设置格式。
- 新建 CSS 样式，选择器类型选"类"，名称定义为 sty1，"定义在"选择"仅对该文档"，CSS 规则定义对话框中的"分类"选"类型"，设置相应属性值，确定。
- 观察在代码视图和 CSS 样式面板的变化。
- 选中刚才输入的文字，在 CSS 样式面板用右键单击刚建立的 CSS 样式". sty1"，在快捷菜单中，选"套用"，观察页面属性的变化。
- 在 CSS 样式面板选中刚才建立的样式，再单击该面板右下角的小铅笔按钮，进入编辑状态，修改原有属性参数后，按下"确定"按钮，观察页面文字外观的变化。

总结：

这里建立和使用样式与上次实验有何不同？

CSS 样式有哪些意义？

文本（段落字符）类样式设计哪些属性，用于哪些网页元素？

二、背景类样式

- 在页面输入若干行文字，备用。
- 建立新建 CSS 样式，选择器类型选"类"，名称定义为 sty2"定义在"选择"仅对该文档"，CSS 规则定义对话框中的"分类"选"背景"，设置相应属性值，确定。
- 将此 CSS 样式套用到几个不同的文字段落，包括已经套用过". sty1"样式的文字。注意他们原来的字体、颜色、大小等属性有改变吗？

请问，在样式中既要设计其字体、颜色、大小等属性，又要同时考虑其背景属性，建立 CSS 样式时，该怎样操作？

三、区块类样式

- 在页面输入若干行文字，备用。
- 建立新建 CSS 样式，选择器类型选"类"，名称定义为 sty2"定义在"选择"仅对该文档"，CSS 规则定义对话框中的"分类"选"区块"，设置相应属性值，确定。
- 将此 CSS 样式套用到几个不同的文字段落。

四、方框类 CSS

1. 图片与文字的对齐
- 在网页中插入图片 1，在其右侧输入文字，注意其原始的对齐方式。
- 建立一种方框类 CSS 样式，命名为". box1"，设置其宽、高、浮动、对齐、上、下、左、右等参数。

- 将".box1"套用到图片1，观察文字与图片对齐方式的变化。

2. 图片与表格的对齐

- 在网页中插入图片2，在其右侧建立表格1。
- 建立一种方框类 CSS 样式，命名为".box2"，设置其宽、高、浮动、对齐、上、下、左、右等参数。
- 将".box2"套用到图片2，观察图片与表格对齐方式的变化。

3. 表格与表格的对齐

- 在页面插入两个表格——表格2和表格3，注意它们能够左右并排放置吗？
- 建立一种方框类 CSS 样式，命名为".box3"，设置其宽、高、浮动、对齐、上、下、左、右等参数。
- 将".box3"套用到表格2和表格3，观察两个表格对齐方式的变化。

总结：方框类 CSS 样式可用于哪些网页对象？

五、边框类 CSS

- 在页面插入一个表格——表格4，边框宽度设为0，各单元格内输入相应文字（参见教材图 12 – 22）。
- 建立一种边框类 CSS 样式".bian1"，模仿教材图 12 – 23 设置其上、下、左、右等参数。
- 将".bian1"套用到表格4的各个单元格，观察两个表格对齐方式的变化。

六、列表类 CSS

- 在页面输入几行文字，建立项目列表。
- 模仿教材实例建立列表类 CSS 样式，实现图 12 – 27 所示列表效果。

七、定位类 CSS

- 在页面输入几个字符，后面插入几个空格，再输入几个汉字，后面再插入几个空格，再输入几个汉字［参见教材图 12 – 20（a）］。
- 仿照教材实例建立两个 CSS 样式".wei1"、".wei2"；
- 将以上两个 CSS 样式套用到不同文字对象，观察其文字在行中对其位置的变化。

八、扩展类 CSS——滤镜

（一）各类滤镜的应用

1. 不带参数的滤镜

- 在页面插入同一个图片（图片1）6 次。
- 分别建立扩展类 CSS 样式，命名为".filt1"、".filt2"、".filt3"、".filt4"、".filt5"。分别调用不带参数的滤镜 FlipH、FlipV、Gray、Inver、tXray。
- 将以上 5 个 CSS 样式分别依次套用到前述 5 个图片，在浏览器窗口预览，观察使用滤镜的图片和未使用的有何不同。
- 尝试一下，套用了".filt1"的图片再套用".filt3"或".filt4"可以实现一个图片同时套用两种以上滤镜吗?

2. 带参数的滤镜

- 在页面插入图片 2 两次。
- 建立扩展类 CSS 样式 ".filt6" 和 ".filt7",其中分别 Alpha 和 Blur 滤镜,其参数可模仿教材设置。
- 将 ".filt6" 和 ".filt7" 分别套用到两个图片 2 上。在浏览器窗口预览之,比较套用前后有哪些不同。
- 在页面插入图片,在图片上面绘制一个层 layer1,里面输入汉字"蒙板",选用透明背景。
- 建立扩展类 CSS 样式 ".filt8",采用 mask 滤镜,参数可自定,注意必须同时设置字符类(类型)样式参数。
- 将 ".filt8" 套用到 layer1,在浏览器窗口预览,观察蒙版效果。
- 在页面建立三个层 layer2、layer3、layer4,分别输入文字"投影"、"阴影"、"发光"。
- 分别建立扩展类 CSS 样式 ".filt8"、".filt9"、".filt10",分别采用 "shadow"、"Dropshadow"、"Glow" 滤镜,参数可自定,注意必须同时设置字符类(类型)样式参数,要采用较大字体。
- 将 ".filt8"、".filt9"、".filt10" 分别套用到 layer2、layer3、layer4 三个层。
- 在浏览器窗口预览,观察各个滤镜的效果。

尝试一下,假如 layer2 再套用 ".filt9" 和 ".filt10" 各一次,能够出现两个滤镜的叠加效果吗?

(二)多个滤镜的叠加效果

- 在页面新建一个层 layer5,输入文字"滤镜的叠加"。
- 建立一个新样式 ".diejia",其中包含字体、字号属性,另外包含以下滤镜:

Shadow (color = blue, direction = 135)

Glow (color = green, Strength)

Invert

- 将 ".diejia" 套用到 layer5,在浏览器窗口预览,观察滤镜叠加的效果。
- 尝试:FlipH 和 FlipH 可以相互叠加吗?叠加后实际得到的是什么效果?

总结:哪些滤镜可以叠加,哪些不可以叠加?

实验 12 外联样式表与附加样式表

一、外联样式表的建立

1. 通过导出网页中的 CSS 样式建立

- 新建一个网页,里面建立若干个 CSS 样式。
- 在 CSS 样式面板右键单击"样式",在快捷菜单中选"导出",指定样式表文件的文件名和存取路径。

- 在 CSS 样式面板删除其中原有的几个 CSS 样式。

思考：这些样式的信息还存在吗？保存在哪里？

2. 直接新建样式表文件

- 在网页中插入文字和图片等元素，备用。

- 执行新建 CSS 样式操作，在"新建 CSS 规则"对话框中，输入"类"名称（如 sty1），"定义在"一项选"新建样式表文件"，单击确定，在下一个对话框"文件名"一项输入样式表文件主名（如 cssfile），保存后，新建一种 CSS 样式。

- 注意，此时系统是否增加了一个样式表文件的编辑窗口？

思考：一个样式表文件在建立之初，可以不包含任何样式定义吗？至少应定义几个 CSS 样式？

- 在 CSS 样式面板，单击你自己建立的样式表文件（如 cssfile. css），再单击面板最下部的"新建 CSS 规则"按钮，在出现的对话框中输入新的样式名（如 sty2），"定义在"一项选择你前面刚建起的样式表文件（如 cssfile. css）为其添加其他 CSS 样式定义。

思考：你刚才建立的样式 sty1 和 sty2 的有关信息保存在哪里？目前与你正在编辑的网页有关系吗？

二、外联样式表的应用

- 将你新建的样式表文件中的样式套用到网页中已存在的文字或图片上。

- 再新建一个网页，其中插入一些文字和图片，套用你新建的样式表文件中的样式。

思考：如果不想再套用新建的样式表文件中的样式，怎么办？

- 如果将新建的样式表文件删除，网页中文字或图片的显示状况会改变吗？

总结：与在本文档内建立诸多 CSS 样式相比，新建的样式表文件有哪些好处？

三、附加样式表

1. 通过链接样式表文件附加

- 新建网页，在其中输入文字、图片等。

- 在 CSS 样式面板，单击下部的"附加样式表"按钮，

- 在下面出现的对话框中单击"浏览"按钮，选择你需要的样式表文件路径，"添加为"一项选"链接"，而后单击"确定"。

- 切换到网页的代码视图，观察代码有哪些变化？

- 切换到网页的设计视图，套用样式表文件中的 CSS 样式。

思考：新建一个样式表文件时，网页会自动链接它吗？

2. 通过导入样式表文件附加

- 新建网页，在其中输入文字、图片等。

- 在 CSS 样式面板，单击下部的"附加样式表"按钮，

- 在下面出现的对话框中单击"浏览"按钮，选择你需要的样式表文件路径，"添加为"一项选"导入"，而后单击"确定"。

- 切换到网页的代码视图，观察代码有哪些变化？和前面执行"链接"操作，有何

不同。

- 切换到网页的设计视图，套用样式表文件中的 CSS 样式。

实验 13 网站资源管理

一、认识资源面板

打开资源面板，认识网站中的资源类型及其具体内容。单击该面板左侧的相应图标，了解网站中的图片、色彩、超链接、Flash 动画、脚本、库。

二、已有资源的使用

- 应用网站已设计过的色彩。
- 将网站已有的图片插入到页面。

三、库操作

1. 创建库项目
- 选择一个页面元素（如一个表格）创建；
- 指定项目名称为 kxm；
- 在站点文件夹下找到 library 文件夹，看其中添加了什么文件。
2. 使用库项目
- 将上述库项目添加到页面。
3. 库参数的选择与属性设置
- 打开自建的库项目文件，编辑之；
- 编辑后在库项目属性面板选择"从原文件分离"或"重新创建"。
- 在资源（库）面板选中库元素，进行编辑。

四、模板操作

1. 创建模板
- 利用文件按菜单创建
- 利用资源面板创建
2. 模板的编辑
①编辑可编辑区域
②编辑可选区域
③编辑重复区域
3. 利用模板创建网页
- 利用文件/新建菜单，选模板后，单击创建
- 在模板标签，选模板文件创建。
模板修改后注意更新文档。

实验 14　表单

一、表单及其元素的插入

- 插入表单体：在当前网页插入表单。注意页面显示信息的变化。
- 插入表格：在表单中插入表格并在适当位置输入文字（具体内容可模仿教材图 12 - 2），合并拆分单元格。
- 插入文本框：在"姓名"、"性别"后的输入位置插入，合理设置其名称、宽度、单行/多行、做多字符数等属性值。
- 插入文本区域：在"用户建议"后的输入位置插入，设置为多行（如 5 行），给较大的字符宽度（如 50）。
- 插入单选按钮：在"性别"后面的两个单元格分别输入"男"和"女"，在相应字符后插入单选按钮，注意两者的名称应该相同。设置其中之一为默认选中状态。
- 插入复选框：在"爱好"后面设置若干项内容，分别插入一个复选框，注意几个复选框的名称不能相同。可设默认值。
- 插入列表：在"籍贯"后面的单元格插入，类型选"列表"，注意输入各项的值。
- 插入菜单：将以上列表换成菜单——在"籍贯"后单元格插入，类型选"菜单"，注意输入各项的值。注意他与列表的区别。
- 插入跳转菜单：在"友情链接"一项后面的单元格插入，内容可参考教材图 14 - 11。设置后，选中该菜单，在行为面板将其事件改为"onBlur"。
- 插入字段集：插入表单体，插入表格，单击"字段级"按钮，输入标签名称，然后再插入各字段信息。
- 插入文件域：在"上传文件"一项后面插入，设置合适的字符宽度属性。
- 插入按钮：插入提交、重置按钮各一个，合理设置属性值和相应动作。注意与按钮的名称相匹配。

二、表单数据的输入与校验

- 在需要设置默认初始值的文本框单击选中，添加行为"设置文本域文字"，输入默认值。
- 在"电子邮件"等文本域，单击，添加"检查表单"行为。按照问题需要合理设置对话框中的数据选项。模仿教材图 14 - 22、图 14 - 23，将反馈信息改为中文。

三、表单属性的设置

- 选中整个表单，设置其动作（哪一个动态网页文件）。
- 设置方法：默认/Post/get。
- 设置其 MIME 类型。
- 在浏览器窗口预览，输入数据，单击提交/重置按钮，检验其表单验证情况。

实验 15　动态网页初步——ASP

一、了解虚拟服务器与虚拟目录

- 打开系统的控制面板——管理工具，查看系统是否已经安装 IIS。
- 启动 IIS，新建虚拟目录，输入别名为 ASP，真实目录为 D：\ jsj1010。

二、ASP 语法练习

- 启动 Dreamweaver，新建一个 ASP 文件。
- 输入本书 170 ~ 171 页示例 1、示例 2、示例 3 中的代码，保存之，怎样预览之？
- 按下 F12 可预览吗。预览时可以在浏览器窗口查看其完整的源代码吗？为什么？

三、ASP 文件的执行

新建 ASP 文件，输入本书 171 页示例 3 中的代码，预览之。注意在浏览器窗口查看其源代码是哪一部分？

四、动态网页实例练习

1. 制作显示当前系统时间的动态网页。

如教材图 15 - 4 新建动态网页，预览之，查看其效果。

2. 通过 ASP 脚本实现页面文字大小的不断改变。

模拟教材实例 zidaxiao. asp 代码创建动态网页，预览之。

3. 表单数据的提交与反馈效果。

模拟教材 request1. htm 新建表单网页，再模仿 req_ form. asp 新建动态网页分别保存。预览 request1. htm，向表单添加数据，提交后，观察屏幕反应。

模拟教材 request2. htm 新建表单网页，再模仿 req_ query. asp 新建动态网页分别保存。预览 request1. htm，向表单添加数据，提交后，观察屏幕反应。

4. 制作自我响应的页面。

模仿教材 self_ response2. asp 建立动态网页，预览之。在表单中选择或输入数据，提交后，注意页面的反应变化。

思考：

在实例 3 中，输入数据的是哪个网页，接收和处理数据的是哪个网页？

在有数据传递的动态网页中，最重要的是哪个对象？一般要用到哪几个集合？

附　录

附录1　常用网址

类　别	名　称	网　址
新闻类	人民网	http：//www. people. com. cn/
	中华网	http：//www. china. com/zh_ cn/
购物类	当当网	http：//www. dangdang. com/
	淘宝网	http：//www. taobao. com/
	拍拍网	http：//www. paipai. com
	易趣网	http：//www. eachnet. com
文学类	潇湘书院	http：//www. xxsy. net/
	幻剑书盟	http：//hjsm. tom. com
	红袖添香	http：//www. hongxiu. com
游戏类	17173	http：//www. 17173
	联众游戏	http：//www. ourgame
	4399 游戏	http：//www. 4399. net
	太平洋游戏	http：//www. pcgames. com. cn
音乐类	中国音乐网	http：//www. cnmusic. com
	视听天空	http：//www. stsky. com
	一听音乐	http：//www. 1ting. com
	好听音乐网	http：//www. haoting. com
邮箱类	163 邮箱	http：//mail. 163. com
	126 邮箱	http：//mail. 126. com
视频类	土豆网	http：//www. tudou. com
	优酷	http：//www. youku. com
	新浪播客	http：//you. video. sina. com. cn
	我乐网	http：//www. 56. com
	六间房	http：//6. cn
	酷溜	http：//www. ku6. com
Flash 类	闪吧	http：//www. flash8. com
	9flash	http：//www. 9flash. com
	闪客帝国	http：//www. flashempire. com

（续表）

类　别	名　称	网　址
社区类	校内网	http：//www. xiaonei. com
	ChinaRen 社区	http：//club. chinaren. com
	天涯社区	http：//www. tianya. com
	猫扑	http：//www. mop. com
交友类	世纪佳缘	http：//www. jiayuan. com
	聚友网	http：//www. myspacu. com
	爱情公寓	http：//www. ipart. cn
	QQ 交友中心	http：//love. qq. com
	51 个人空间	http：//www. 51. com
博客类	百度空间	http：//hi. baidu. com
	网易博客	http：//blog. 163. com
	新浪博客	http：//blog. sina. com. cn
	博客网	http：//www. bokee. com
	中国博客	http：//www. blogcn. com
银行类	工商银行	http：//www. icbc. com. cn
	招商银行	http：//www. cmbchina. com
	农业银行	http：//www. abchina. com
	建设银行	http：//www. ccb. com
	中国银行	http：//www. boc. cn
体育类	新浪体育	http：//sports. sina. com
	搜狐体育	http：//sports. sohu. com
	鲨威体坛	http：//sports. tom. com
中国高校类	北京大学	http：//www. pku. edu. cn
	清华大学	http：//www. tsinghua. edu. cn
	河北大学	http：//www. hebu. edu. cn
国外高校类	牛津大学	http：//www. ox. ac. uk
	剑桥大学	http：//www. cam. ac. uk
	哈佛大学	http：//www. harvard. edu
	麻省理工学院	http：//web. mit. edu
	莫斯科大学	http：//www. msu. ru
	早稻田大学	http：//www. waseda. jp

附录 2　HTML 常用标记

类别	标　记	说　明	功能或常用属性
文档	< html > … </ html >	网页标记	位于网页最前、最后两端，可省略
	< head > … </ head >	头部标记	位于网页头部 < body > 之前，做一些辅助说明
	< body > … </ body >	文档体标记	网页主干部分
	< title > … </ title >	标题	显示在浏览器窗口左上角的字符
文本	< b > … </ b >	加粗	加粗显示括在其间的字符
	< i > … </ i >	斜体	斜体显示括在其间的字符
	< u > … </ u >	下划线	为括在其间的字符加上下划线
	< font > … </ font >	设置字体	属性：size：字号；color：颜色；style：样式
	< br >	换行	添加换行符，但不分段
	< p > … </ p >	一个段落	align：对齐方式
水平线	< hr >	显示水平线	width：宽度
列表	< ul > … </ ul >	项目清单	可内嵌 < li > 等标记作为各行的说明
	< ol > … </ ol >	项目编号	可内嵌 < li > 等标记作为各行的说明
图像	< img >	图像	src：图片路径；width：宽度；hight：高度
超链接	< a > … </ a >	超连接	href：链接对象的 url
背景	< bgsound >	背景声音/音乐	src：路径；loop：重复次数；volume：音量
字幕	< marquee > …	字幕	align：对齐；direction：移动方向
表格	< table > … </ table >	表格	width 宽度；border 边框 cellspacing 间距 cellpadding 填充，内嵌若干 < tr > 标记
	< tr > … </ tr >	一行	内嵌若干 < td > 标记
	< td > … </ td >	一个单元格	
表单	< form > … </ form >	表单	method 发送数据方法；action 接收数据程序
	< input > … </ input >	表单域	type 输入域类型：文本框、单选、多选、按钮等
	< select > … </ select >	菜单/下拉菜单	内嵌若干 < option > 标记
	< option >	菜单中的选项	value 项目名称
	< textarea > … </ textarea >	滚动文本域	供用户输入多行文字
层标记	< div > … </ div >	说明一个层	id = ″ layerx″
样式	< style > … </ style >	说明样式	里面包含一些 "." 或 "#" 开头的样式的说明
脚本	< script > … </ script >	脚本标记	language：脚本语言，runat：在服务器/客户端

附录3　网页设计有关规范

一、页面规格

1. 页面标准按 800×600 分辨率制作，实际尺寸为 778×434px；
2. 页面长度原则上不超过 3 屏，宽度不超过 1 屏；
3. 每个标准页面为 A4 幅面大小，即 8.5×11 英寸；
4. 全尺寸 banner 为 468×60px，半尺寸 banner 为 234×60px，小 banner 为 88×31px；
5. 另外 120×90px，120×60px 也是小图标的标准尺寸；
6. 每个非首页静态页面含图片字节不超过 60K，全尺寸 banner 不超过 14K。

二、网页广告的几种规格

1. 120×120，这种广告规格适用于产品或新闻照片展示。
2. 120×60，这种广告规格主要用于做 Logo 使用。
3. 120×90，主要应用于产品演示或大型 Logo。
4. 125×125，这种规格适于表现照片效果的图像广告。
5. 234×60，这种规格适用于框架或左右形式主页的广告链接。
6. 392×72，主要用于有较多图片展示的广告条，用于页眉或页脚。
7. 468×60，应用最为广泛的广告条尺寸，用于页眉或页脚。
8. 88×31，主要用于网页链接或网站小型 Logo。

广告形式	像素大小	最大尺寸	备　注
BUTTON	120×60（必须用 gif）	7K	
	215×50（必须用 gif）	7K	
通栏	760×100	25K	静态图片或减少运动效果
	430×50	15K	
超级通栏	760×100～760×200	共 40K	静态图片或减少运动效果
巨幅广告	336×280	35K	
	585×120		
竖边广告	130×300	25K	
全屏广告	800×600	40K	必须为静态图片，Flash 格式
图文混排	各频道不同	15K	
弹出窗口	400×300（尽量用 gif）	40K	
BANNER	468×60（尽量用 gif）	18K	
悬停按钮	80×80（必须用 gif）	7K	
流媒体	300×200（可做不规则形状但尺寸不能超过 300×200）	30K	播放时间小于 5 秒 60 帧（1 秒/12 帧）

三、网页中不同位置（形式）的广告尺寸

1. 首页右上，尺寸 120×60px；
2. 首页顶部通栏，尺寸 468×60 px；
3. 首页顶部通栏，尺寸 760×60 px；
4. 首页中部通栏，尺寸 580×60 px；
5. 内页顶部通栏，尺寸 468×60 px；
6. 内页顶部通栏，尺寸 760×60 px；
7. 内页左上，尺寸 150×60px 或 300×300 px；
8. 下载地址页面，尺寸 560×60px 或 468×60 px；
9. 内页底部通栏，尺寸 760×60 px；
10. 左漂浮，尺寸 80×80px 或 100×100 px；
11. 右漂浮，尺寸 80×80px 或 100×100 px；

12. IAB 和 EIAA 发布新的网络广告尺寸标准，在这 6 种格式中，除了去年 IAB 发布的 4 种"通用广告包"中的格式：160×600px、300×250px、180×150px 及 728×90px，还包括新公布的 468×60px 和 120×600px（擎天柱）2 种。

四、网站 Logo

设计 Logo 时，面向应用的各种条件作出相应规范，对指导网站的整体建设有着极现实的意义。具体需规范 Logo 的标准色、设计可能被应用的恰当的背景配色体系、反白、在清晰表现 Logo 的前提下制订 Logo 最小的显示尺寸，为 Logo 制订一些 特定条件下的配色，辅助色带等，方便在制作 banner 等场合的应用。另外应注意文字与图案边缘应清晰，字与图案不宜相交叠。另外，还可考虑 Logo 竖排效果，考虑作为背景时的排列方式等。

一个网络 Logo 不应只考虑在设计时高分辨屏幕上的显示效果，应该考虑到网站整体发展到一个高度时相应推广活动所要求的效果，使其在应用于各种媒体时，也能发挥充分的视觉效果；同时应使用能够给予多数观众好感而受欢迎的造型。

所以应考虑到 Logo 在传真、报纸、杂志等纸介质上的单色效果、反白效果、在织物上的纺织效果、在车体上的油漆效果，制作徽章时的金属效果、墙面立体的造型效果等。

8848 网站的 Logo 就因为忽略了字体与背景的合理搭配，圈住 4 字的圈成了 8 字的背景，使其在网上彩色下能辨认的标识，在报纸上做广告时糊涂一片，这样的设计与其努力上市的定位相去甚远。

比较简单的办法之一是把标识处理成黑白，能正确良好表达 Logo 涵义的即为合格。

五、文件命名

总的原则是，以最少的字母达到最容易理解的意义。

1. 索引文件统一使用 index. html 文件名（小写）。
2. index. html 文件统一作为"桥页"，不制作具体内容，仅仅作为跳转页和 meta 标签页。主内容页为 main. html。
3. 按菜单名的英语翻译取单一单词为名称。例如：

关于我们——aboutus；信息反馈——feedback；产品——product

4. 所有单英文单词文件名都必须为小写，所有组合英文单词文件名第二个起第一个字母大写；所有文件名字母间连线都为下划线。

5. 图片命名原则以图片英语字母为名。大小写原则同上。

例如：网站标志的图片为 logo. gif；鼠标感应效果图片命名规范为"图片名 + _ + on/off"。例如：menu1_ on. gif/menu1_ off. gif。

6. 其他文件命名规范。

js 的命名原则以功能的英语单词为名。例如：广告条的 js 文件名为：ad. js；所有的 cgi 文件后缀为 cgi，所有 cgi 程序的配置文件为 config. cgi。

六、网站目录设置

网站目录设置的原则是以最少的层次提供最清晰简便的访问结构。

1. 根目录

根目录指 DNS 域名服务器指向的索引文件的存放目录。服务器的 ftp 上传目录默认为 html。

2. 根目录文件

根目录只允许存放 index. html 和 main. html 文件，以及其他必须的系统文件。

3. 每个语言版本存放于独立的目录。已有版本语言设置为：简体中文——gb；繁体中文——big5；英语——en；日语——jp 等。

4. 每个主要功能（主菜单）建立一个相应的独立目录。

5. 根目录下的 images 为存放公用图片目录，每个目录下私有图片存放于各自独立 images 目录。例如：\ menu1 \ images；\ menu2 \ images

6. 所有的 js 文件存放在根目录下统一目录 \ script。

7. 所有的 css 文件存放在根目录下的 style 目录。

8. 所有的 cgi 程序存放在根目录并列目录 \ cgi_ bin 目录。

附录4　网站开发课程设计一般要求

- 有明确的开发目的、面向特定的服务对象设计；
- 体现一定风格，各网页色彩、字体、字号的使用要有一致性；
- 页首有网站标识（Logo）、名称、网址（可虚拟）；
- 有足够多的超链接（必要时可虚设），从每一级超链接都能返回主页，从每个网页最后都能回到页首；
- 切忌华而不实（如：过多的动画等）；
- 要有图片，且必须经过优化，尺寸和字节数不宜过大；
- 内容要紧凑，留白20% ~30%为宜，尽量减少用户浏览时使用滚动条或鼠标滚轮的次数；
- 科学布局（注意使用表格、层、布局表格或布局单元格，可有2~3个框架）；

- 有较高的技术含量，充分展示所学技术（动画、按钮、菜单、字幕、网页过渡效果等），切忌平庸；
- 应提交《网站开发说明书》，内容包括：

1. 网站的开发目的。
2. 网站的服务对象。
3. 网站风格的定位：使用哪三种基本颜色、字体、字号及其象征意义。
4. 对服务器端的要求（与 ASP、表单等有关）。
5. 对客户端的要求：浏览器类型、版本；显示器的尺寸、分辨率。
6. 网站信息结构（文件夹、文件、超链接关系）图。
7. 网站主页的布局设计与说明（必要时绘图）。
8. 其他特色网页的有关说明。
9. 技术参数一览表：各文件的名称、字节数、设计传输率、下载时间等。

参考文献

[1] 陈峰，孙威，等. 网页制作全接触——HTML4. 0&CSS（第一版）. 北京：人民邮电出版社，2003.

[2] David Crowder，Rhonda Crowder. How to Build a Web Site For Dummies. 北京：电子工业出版社，2005.

[3] 飞思科技产品研发中心. 网页编程组合教程（第一版）. 北京：电子工业出版社，2001.

[4] Ben Shneiderman. 用户界面设计——有效的人机交互策略（第一版）. 张国印，李健利，等，译. 北京：电子工业出版社，2004.

[5] 高永子，卢坚，潘星亮. 网页经典配色与设计手册（第一版）. 北京：中国青年出版社，2006.

[6] 张剑平，杨传斌. Internet 与网络教育应用（第一版）. 北京：科学出版社，2002.

[7] 张瑞平，王泽波. 网页设计三剑客（Studio8）标准教程（第一版）. 北京：清华大学出版社，2006.

[8] 胡铁映. 网页制作（Mx 中文版）入门与提高实用教程（第一版）. 北京：中国铁道出版社，2003.